U0807096

国家级实验示范中心配套教材

遗传学实验

吴若菁　主编

科 学 出 版 社

北　京

内 容 简 介

本书集基础性、综合性和研究性于一体，实验内容按照基础性实验→综合性实验→研究性实验，循序渐进，并从个体水平、细胞水平和群体水平分列出针对植物、动物和微生物及人类等不同材料开设的实验。全书共有28个实验，这些实验中有经典的遗传学实验，也有紧跟学科发展前沿的综合性实验，还有精心设计的研究性实验，以满足不同层次的教学和科研的需要。

本书适用于高等师范院校、农林院校和综合性大学本科生的遗传学实验教学，也可以作为相关专业研究人员和中学生物教师的参考用书。

图书在版编目(CIP)数据

遗传学实验 / 吴若菁主编. —北京：科学出版社，2012.7
国家级实验示范中心配套教材
ISBN 978-7-03-034632-2

I. ①遗… II. ①吴… III. ① 遗传学－实验－高等学校－教材 IV. ①Q3-33

中国版本图书馆CIP数据核字(2012)第117592号

责任编辑：陈 露 封 婷 刘 晶 / 责任校对：张凤琴
责任印制：刘 学 / 封面设计：殷 靓

科学出版社出版
北京东黄城根北街16号
邮政编码：100717
http://www.sciencep.com
广东虎彩云印刷有限公司印刷
科学出版社编务公司排版制作
科学出版社发行 各地新华书店经销
*
2012年7月第 一 版 开本：B5 (720 × 1000)
2025年7月第十五次印刷 印张：10 3/4
字数：200 000

定价：35.00 元

(如有印装质量问题，我社负责调换)

《遗传学实验》编辑委员会

前　言

遗传学是生命科学发展中的一门重要基础学科，发展非常迅速，是生命科学研究的前沿领域。遗传学实验是配合遗传学理论教学而设立的一门基础课程，对培养学生动手能力、分析解决问题的能力和研究探索问题的能力具有重要意义。

当前，中学生物学教学中遗传学的内容比例较大，大多数中学的实验仪器设备和经费只能开展细胞遗传学的实验，而且，随着中学教学改革的深入进行，研究性实验呈现增加趋势。师范院校培养的学生就业主要面向中学教学，为此，本书针对师范院校的特点，兼顾其他非师范专业的需要来编写，并结合中学教学改革需求，按照基础性实验→综合性实验→开放研究性实验，循序渐进，并从个体水平、细胞水平和群体水平分列出针对植物、动物和微生物及人类等不同材料开设的实验，以满足不同层次教学的需要。

本书编写人员如下，实验 1：周志华；实验 2：卢萍；实验 3：卢萍；实验 4（植物部分）：罗向东、徐贤柱、许文亮；实验 4（动物部分）：吴若菁、罗向东、徐贤柱；实验 5：罗向东、徐贤柱、许文亮；实验 6：陈建华；实验 7：卢萍，周逢芳；实验 8：周逢芳，卢萍；实验 9：陈建华；实验 10：陈建华；实验 11：吴若菁；实验 12.1.1：吴若菁；实验 12.1.2：罗向东、徐贤柱；实验 12.1.3：许文亮；实验 12.2：吴若菁；实验 12.3：吴若菁；实验 12.4：李坊贞；实验 12.5：李坊贞；实验 12.6：吴若菁；实验 12.7：陈建华；实验 12.8：罗向东；实验 12.9：卢萍；实验 13.1：吴若菁；实验 13.2：吴若菁；实验 14.1：周逢芳；实验 14.2：周逢芳；实验 14.3：周志华；实验 15：吴若菁；实验 16：陈建华；实验 17：许文亮；附录 1~3 由周志华提供；附录 4~6 由吴若菁提供；全稿由吴若菁负责统编。

由于时间仓促，以及我们经验和水平有限，书中可能存在一些不妥之处，真诚地希望使用本书的同行给予批评指正，以便我们进一步改进。

编　者

2012 年 2 月于福州

前言

目　　录

第 1 部分　基础性实验

实验 1　果蝇的生活史及变异性状的观察

【实验目的】

1. 了解果蝇的生活史及在不同发育阶段的形态特征，区别雌、雄果蝇，观察突变型的不同性状特征。

2. 学会用肉眼区分雌、雄果蝇，为果蝇的杂交实验做准备。

3. 掌握果蝇的饲养管理及实验方法和技术，为果蝇的唾腺观察、果蝇的杂交实验等一系列实验做好准备。

【实验原理】

野生型果蝇是昆虫纲、双翅目、果蝇属的一种，具完全变态。果蝇每 12 天左右可完成一个世代，生活史较短，生长迅速，繁殖能力强，每只受精的雌蝇可产卵 400~500 个。其作为实验材料具有许多的优点。

1. 果蝇的生活要求简单，常温下就可生长繁殖，饲养方便、成本低、易管理，而且繁殖能力极强，在短时间内即可以得到很多的子代，可为遗传学的统计分析提供很好的材料。

2. 果蝇生命力极强，耐受温度较高，在 30℃的温度下也能够继续繁殖。

3. 果蝇染色体数目较少($2n=8$)，且唾腺染色体巨大，为遗传学的研究和分析提供很好的实验材料。

4. 果蝇的不同形态突变类型多达 400 种以上，且多数是形态变异，因此在遗传学中被广泛应用。

【实验仪器和药品】

1. 培养

基材料白糖、红糖、麦麸、玉米粉、酵母、琼脂、香蕉等。

2. 仪器

解剖针、小镊子、乙醚瓶、乙醚管、毛笔、双目解剖镜、放大镜、棉花、双筒解剖镜、小纸盒。

3. 药品

丙酸、乙醚。

【实验材料】

野生型红眼、白眼、棒眼、黑檀体、黑身残翅、灰身残翅、焦刚毛、勺状翅、小翅、大果蝇等。

【实验方法与步骤】

1. 果蝇生活史的观察

取一果蝇试管进行观察，可发现培养基中有许多幼虫，一般爬到管壁上肥硕的可判定为三龄幼虫，同时还可观察到壁上有许多颜色不一样的菱形的蛹，还有许多会飞的成虫。

果蝇为完全变态，果蝇的一生经历了卵、幼虫、蛹、成虫4个阶段，见图1-1。各个阶段持续时间的长短随温度的高低而不同，在20℃条件下从卵到幼虫约8天，蛹期为6天左右，整个生活史15天即完成。雌性成虫一般能生活4周，雄性成虫寿命较短。若在25℃下，从卵到幼虫约5天，蛹期到成虫期5天，整个生活史约10天。雌蝇交配一次后将精子储存在体内的储精囊内就可以满足一生受精的需要，其后与之交配的雄果蝇的精子不能参与受精作用。雌蝇交配完毕会在两天之后将卵产在培养基上，在解剖镜下可以看到果蝇的卵大小为2~5μm，颜色为乳白色，形状为长椭圆形。在它的顶端有一对触角，这对触角可以使它附着在培养基上而不至于陷入培养基里。

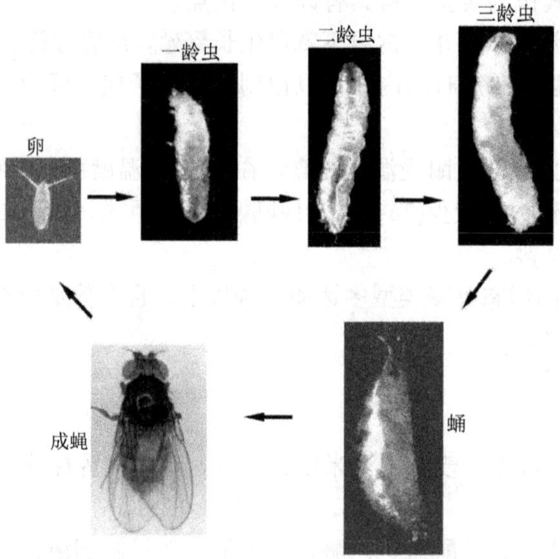

图1-1　果蝇生活史

果蝇的卵孵化成一龄幼虫后需要5~6天，经过两次蜕变才能到三龄幼虫。这时幼虫的身体肥胖，长度可达4~5mm，在解剖镜下可以清楚地观察到三龄幼虫的头部稍尖，并且为黑色，即幼虫的口器，其后有一对半透明的唾腺，唾腺后连接一条消化道，而消化道的前上方为幼虫的神经节，身体后半部的上方有一对生殖器，此时可以通过观察其生殖器上有无黑色针头大的斑点来鉴别雌雄，雌性无斑点而雄性有斑点。三龄后的幼虫开始爬出培养基，附着在试管壁上不动，渐渐地变成米粒大的蛹，刚开始蛹的颜色为淡黄色，12~18h 后变为深褐色，这时蛹就要羽化为成虫了。刚羽化出的成虫个体较大，身体颜色较淡，还不能进行交配，大约 12h 后才有交配能力。成蝇雌雄的鉴别见表 1-1。

表 1-1　成蝇雌雄的鉴别

雌果蝇	雄果蝇
体型较大	体型较小
腹部椭圆形、末端稍尖	腹部末端钝圆
腹部背面外观有 5 条黑色条纹	腹部背面有 3 条黑色条纹，前两条细，后一条宽而延伸至腹面，呈一明显的黑斑
腹部腹面有 6 个腹片	腹部腹面有 4 个腹片
第一对足的跗节基部无黑色鬃毛状性梳	第一对足的跗节基部有黑色鬃毛状性梳
外生殖器的外观比较简单	外生殖器的外观较复杂， 在解剖镜下观察刚羽化的幼蝇，可以见到明显的生殖弧、肛上板及阴茎等

2. 果蝇不同突变型的观察

(1) 麻醉：轻拍每一种品系的果蝇培养瓶，让果蝇振落在培养基上，如瓶塞上附着果蝇，则轻轻抖动塞子，让果蝇落在培养基上。拔去塞子迅速将果蝇培养瓶分别倒扣在不同的麻醉管中，轻拍试管壁，使果蝇落入麻醉管里。而后，迅速分开果蝇培养瓶和麻醉管，分别塞上瓶塞，再将麻醉管放入有乙醚的麻醉瓶中，待果蝇的翅膀展开和身体呈大于 45°夹角时(此时果蝇基本已麻醉致死)，打开塞子将果蝇倒在做有标号的纸盒里。

(2) 果蝇的观察：各取 1~2 只不同品系的果蝇，放在解剖镜下观察，在观察过程中为了避免损伤果蝇，最好不用镊子或手指夹，可用毛笔轻轻将果蝇的翅膀和脚舒展开，再观察雌、雄蝇的外部特征，见图 1-2 和图 1-3；不同突变类型的体型大小、体色、翅膀、腹色、腹片、腹部、性梳等形态特征，见图 1-4~图 1-11 和表 1-2。

图 1-2　红眼果蝇雌雄蝇背面

图 1-3　红眼果蝇雌雄蝇腹面

图 1-4　勺状翅雌雄果蝇腹面

图 1-5　雄果蝇性梳

图 1-6　果蝇的长翅与短翅

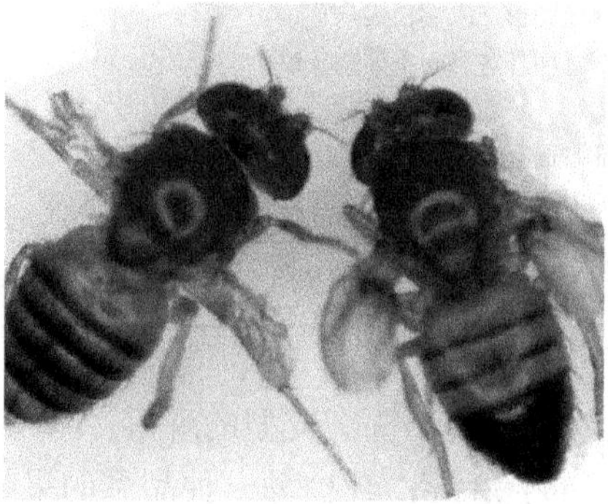

图 1-7　果蝇的残翅与勺状翅

图 1-8　黑檀体、残翅与黄体、残翅果蝇

图 1-9　野生型果蝇与大果蝇

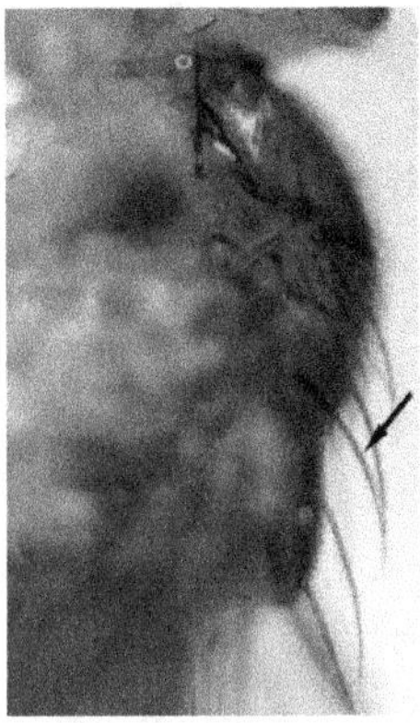

图 1-10　果蝇的直刚毛

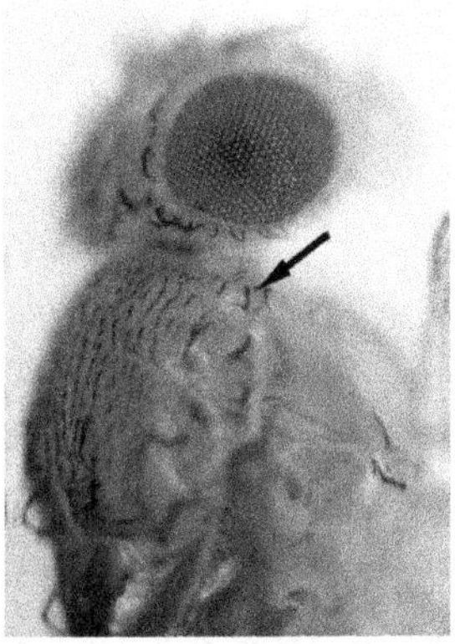

图 1-11　果蝇的焦刚毛

表 1-2　野生型和几种不同突变性状的区别观察

类别	复眼	体色	翅形	刚毛	体型
野生型	红眼	灰黄	长翅	直、正常	正常
突变型	白眼、棒眼	黑檀	短翅、残翅、勺状翅	卷	大、小

【注意事项】

1. 因果蝇有向上性，麻醉前先轻拍试管将果蝇拍至试管底部。

2. 麻醉时应注意观察，若果蝇翅膀张开 45°以上则一般为死亡。

【实验报告与思考题】

1. 观察并画出雌、雄果蝇的外部形态特征和雄性第一对足的跗节基部黑色鬃毛状性梳。

2. 观察不同品系果蝇的外部形态特征，画出残翅、勺状翅、野生型翅形和不同刚毛、眼睛的特征。

3. 学会用肉眼区分雌、雄果蝇，为果蝇的杂交实验做准备。

4. 为何雌蝇交配一次后，就可以满足一生受精的需要？

5. 果蝇的一生要经历几个阶段？

附　果蝇培养基的配制

野生型果蝇在日常生活中随处可见，特别是在腐烂的水果上可以看到大量的果蝇。果蝇以果汁上的酵母菌为主要食物，根据果蝇的这一特性，可以利用一些发酵的食物作为果蝇的饲料，在实验室里培养果蝇。果蝇培养基配方见表 1-3。

表 1-3　果蝇培养基配方

培养基	水/ml	琼脂/g	白糖或红糖/g	玉米粉/g	麦麸/g	酵母/g	丙酸/ml
玉米粉培养基	860	10	55	65	—	12	8.5
麦麸、玉米粉培养基	860	10	50	15	50	10	7.5

玉米粉培养基的配制方法如下。

(1) 将琼脂条放在水中浸泡2h后放入水中加热至完全溶解。

(2) 将玉米粉和白糖用水调匀后倒入溶解的琼脂水中，煮沸10min，注意要不停的搅拌，避免成团状。

(3) 停火后凉几分钟再加入丙酸。

(4) 当培养基凉至60℃左右时加入酵母粉，注意酵母粉不能加太早，避免酵母菌失效。

麦麸、玉米粉培养基的配制方法和玉米粉培养基的配制方法基本相同，只是步骤(2)将麦麸、玉米粉和白糖用水调匀后倒入溶解的琼脂水中。

在上述的两种培养基中培养果蝇效果都不错，如果在春季用玉米粉培养基较好，但是在秋季麦麸、玉米粉培养基更适合果蝇的生长发育。

实验 2 分离规律的验证与观察

实验 2.1 植 物 部 分

【实验目的】

通过植物的杂交实验，验证和理解孟德尔分离定律。

【实验原理】

一对等位基因在杂合状态下保持相对独立，形成配子时等位基因分离到不同配子中去，配子分离比为 1∶1，子二代基因型分离比为 1∶2∶1；若显性完全，子二代表型分离比是 3∶1。

一对等位基因的分离可通过 F_1 花粉粒某些性状的分离而观察到，如水稻、玉米、高粱和谷子等禾谷类作物花粉粒的淀粉有糯性与非糯性之分。糯性含支链淀粉多，遇碘呈棕色；非糯性含直链淀粉多，遇碘呈蓝色。非糯性基因(Wx)对糯性基因(wx)为显性。F_1 形成配子时，两种淀粉的花粉粒理论上数量相等。另外，玉米的黄粒对白粒为显性，非甜对甜为显性，都是由一对基因控制的性状。F_1 自交果穗籽粒(F_2 种子)呈 3∶1 分离，F_1 测交果穗籽粒呈 1∶1 分离。

如果一对等位基因是不完全显性关系，F_1 表现为中间型，F_2 基因型和表型分离比均为 1∶2∶1，如棉花叶形的遗传即如此。

【实验仪器和药品】

显微镜、载玻片、盖玻片、镊子、吸水纸、1%碘-碘化钾液。

【实验材料】

以下实验材料可根据各实验室的具体情况加以选择。

(1) 水稻(糯×非糯)F_1 的花粉粒及果穗 (F_2 种子)。

(2) 玉米(糯×非糯)F_1 的花粉粒及果穗。

(3) 玉米(甜×非甜，白粒×黄粒) F_1 果穗。

(4) 小麦(光颖×毛颖)，稻、麦(有芒×无芒)等的 F_2 植株。

(5) 棉花(正常叶×鸡脚叶)F_2 植株。

玉米花粉粒取材时，需于前一天将雄花套袋处理，于次日上午在开花最盛时抖落花粉粒于袋中，藏于阴凉干燥处备用；或采集将开而尚未开花散粉的雄花序，置卡诺固定液固定后保存。

【实验方法与步骤】

1. 观察水稻或玉米 F_1 花粉粒

取(糯×非糯)的 F_1 花粉粒或 1 枚花药置载玻片上，压破花药使花粉散开，加 1 滴 1%碘-碘化钾液染色，盖上盖玻片，显微镜下观察和记录各种颜色花粉粒数量。

2. 观察水稻、玉米 F_2 种子胚乳性质的分离

水稻非糯性种子胚乳透明而有光泽，糯性种子乳白色无光泽。观察胚乳透明度，辨别胚乳性质，难于区分的可折断胚乳，加 1 滴 1%碘-碘化钾液检查，统计糯与非糯的籽粒数。

玉米胚乳中甜(*su*)与非甜(*Su*)、糯(*wx*)与非糯(*Wx*)、凹陷(*sh*)与饱满(*Sh*)、黄色(*Y*)与白色(*y*)，分别由一对基因控制，对每个杂交组合可统计 1~3 个 F_1 自交穗(F_2 种子)，对各类籽粒进行计数。

3. 调查田间小麦(光颖×毛颖)，稻、麦(有芒×无芒)F_2 群体中光颖和毛颖、有芒和无芒的株数。

4. 观察棉花叶形分离。以正常叶和鸡脚叶杂交，F_1 表现中间型，调查田间 F_2 群体中的正常叶、中间型叶和鸡脚叶的株数。

【注意事项】

1. 解剖用具每次使用后应立即洗去黏附的花粉粒，以免混杂，干扰检查结果。

2. 调节显微镜时，不用强光和直射光，以便区别两种颜色的花粉粒。先用低倍镜观察，后在高倍镜下计数。

3. 畸形和发育不良的花粉粒均不加以计数。

【实验报告与思考题】

1. 将实验结果填入表 2-1，用卡方法检测实验结果，填写表 2-2。分别根据卡方值和自由度查表，得到频率，提出结论，完成实验报告。

表 2-1　玉米的一对相对性状的遗传

	F_1 花粉棕色	F_1 花粉蓝色	F_2 非甜	F_2 甜	F_2 非糯	F_2 糯	F_2 饱满	F_2 凹陷	F_2 黄色	F_2 白色
观测数(O)										
理论数(E)										
$d=O-E$										
$d^2=(O-E)^2$										
d^2/E										

表 2-2　卡方测验表

	长翅	残翅
观测数(O)		
理论数(E)		
$O-E$		
$(O-E)^2/E$		

2. 进行一对基因杂交实验，有时会出现 F_2 表型分离比不符合 3∶1 的情况，简述其原因。

实验 2.2　动 物 部 分

【实验目的】

通过果蝇的杂交实验，验证和理解孟德尔分离定律。

【实验原理】

一对等位基因长翅(+)和残翅(*vg*)在杂合状态下保持相对独立性，子一代表型显性为长翅，形成配子时，等位基因+和 *vg* 按原样分离到不同配子中去，配子分离比为 1∶1，子二代基因型分离比为 1∶2∶1；显性完全时，子二代表型分离比长翅∶残翅为 3∶1。

【实验仪器和药品】

培养瓶、麻醉瓶、毛笔、镊子、白瓷板(或塑料板)、海绵、解剖镜(或放大镜)、玉米粉、琼脂、蔗糖、酵母、丙酸、乙醚。

【实验材料】

长翅果蝇(图 2-1)品系(+/+)与残翅果蝇(图 2-2)品系(*vg/vg*)。

图 2-1　长翅果蝇

图 2-2　残翅果蝇

【实验方法与步骤】

1. 选择野生型和残翅果蝇为亲本，做正交和反交组合。雌蝇选处女蝇 5~10 只。处女蝇在正式实验前 3 天左右收集，数目可根据需要而定。

2. 将长翅果蝇和残翅果蝇杂交，其中正交和反交各一瓶。正交：长翅(♀)×残翅(♂)；反交：残翅(♀)×长翅(♂)。除去已经羽化出来的成蝇，将新羽化出来的处女蝇(长翅和残翅)倒入麻醉瓶中适度麻醉(注意：果蝇翅膀外展 45°时死亡，此时要注意麻醉剂乙醚的用量及麻醉时间，不能让果蝇死亡)，按照正、反交组合，挑 5~10 只雌蝇分别移到杂交瓶 1 和 2 中，再分别挑 5~10 只雄蝇移到杂交瓶 1 和 2 中，贴好标签，注明杂交组合、日期和实验者姓名，置 25℃培养箱中进行杂交。

3. 7~8 天后，除去亲本果蝇(此时可深度麻醉，让果蝇死亡)。

4. 再过 4~5 天，出现 F_1 成蝇，观察其翅膀，连续检查 2~3 天。

5. 麻醉 F_1 成蝇，并移出 5~10 对，转到另一培养瓶内，做好标记，置 25℃培养箱中进行自交实验；同时选 F_1 的处女蝇与隐性亲本雄蝇(残翅)各 5~10 只，转到另一培养瓶内，做好标记，进行测交实验。

6. 7~8 天后分别从以上两个培养瓶中移去亲本蝇。

7. 再过 4~5 天，F_2 和 F_t 成蝇出现。开始观察，连续统计 7~8 天(100~200 只)。统计过的果蝇转至死蝇瓶中。

【注意事项】

杂交所用雌蝇必须是处女蝇。雌蝇羽化后一般在 12h 内不交配(8h 更可靠)，所以需将已羽化出的果蝇全部移出，以后 12h 内孵化出的雌蝇均为处女蝇，可分别收集，做杂交亲本使用。

【实验报告与思考题】

1. 将实验结果填入表 2-3 和表 2-4，用卡方法检测实验结果，填写表 2-5。分别根据卡方值和自由度查表，得到频率，提出结论，完成实验报告。

表 2-3　果蝇 F_1 正、反交实验结果记录表

统计日期	长翅♀×残翅♂		残翅♀×长翅♂	
	长翅数	残翅数	长翅数	残翅数
合　计				

表 2-4　果蝇 F_2 自、测交实验结果记录表

统计日期	F_1♀×F_1♂		F_1♀×*vg*/*vg*	
	长翅数	残翅数	长翅数	残翅数

续表

统计日期	$F_1♀ \times F_1♂$		$F_1♀ \times vg/vg$	
	长翅数	残翅数	长翅数	残翅数
合　计				

表 2-5　卡方测验表

	长翅	残翅
观测数(O)		
理论数(E)		
$O-E$		
$(O-E)^2/E$		

2. 果蝇 F_1 正、反交时为什么要选择处女蝇？
3. 果蝇麻醉时需注意什么？

实验 3　自由组合定律的验证与观察

实验 3.1　植 物 部 分

【实验目的】

学习植物中两对非等位基因的杂交方法，记录杂交结果并掌握统计分析方法，验证和理解孟德尔自由组合定律。

【实验原理】

位于非同源染色体上的两对基因所决定的两对相对性状在子二代是自由组合的，一对基因的分离和另一对非等位基因的分离是独立的，若显性完全，每一对等位基因所决定的性状在子二代的分离比是 3∶1；两对非等位基因所决定的性状在子二代有 4 种表型，其分离比为 9∶3∶3∶1。

玉米胚乳淀粉层颜色有黄色和白色 2 种，由 6 号染色体上的等位基因 *Y* 和 *y* 控制，黄色(*Y*)为显性；玉米胚乳有糯性和非糯性 2 种，由 9 号染色体上的等位基因 *Wx* 和 *wx* 控制，非糯性(*Wx*)为显性，这 2 对基因位于非同源染色体上。将黄色、非糯植株与白色、糯性植株杂交，F_1 表现为黄色、非糯，F_2 分离为 9(黄色、非糯)∶3(白色、非糯)∶3(黄色、糯性)∶1(白色、糯性)。

【实验仪器和药品】

显微镜、载玻片、盖玻片、镊子、吸水纸、1%碘-碘化钾液。

【实验材料】

玉米黄色、非糯植株与白色、糯性植株杂交后自交得到的果穗。

【实验方法与步骤】

1. 观察玉米黄色、非糯×白色、糯性的 F_1 自交得到的果穗上籽粒的颜色特征，利用 1%碘-碘化钾液染色确定糯性和非糯性，将 4 种表型的籽粒分别加以计数。

2. 用卡方法检测实验结果。

【注意事项】

要求统计籽粒的数目达到 100 粒以上，以减少统计分析的误差。

【实验报告与思考题】

1. 将实验结果填入表 3-1，用卡方法检测实验结果，填写表 3-2。分别根据卡方值和自由度查表，得到频率，提出结论，完成实验报告。

2. 如何判断两个基因是自由组合还是连锁遗传？

表 3-1　F_2中 4 种表型的籽粒数记录表

黄色、非糯	白色、非糯	黄色、糯	白色、糯

表 3-2　卡方测验表

	黄色、非糯	白色、非糯	黄色、糯	白色、糯
观测数(O)				
理论数(E)				
$O-E$				
$(O-E)^2/E$				

实验 3.2　动 物 部 分

【实验目的】

学习果蝇中两对非等位基因的杂交方法，记录杂交结果并掌握统计分析方法，验证和理解孟德尔自由组合定律。

【实验原理】

黑腹果蝇的黑檀体突变基因 *e* 位于 3 号染色体，残翅的突变基因 *vg* 位于 2 号染色体，它们决定的两对相对性状在子二代是自由组合的。子二代表型的分离比是 9∶3∶3∶1。

【实验仪器和药品】

培养瓶、麻醉瓶、白瓷板(或塑料板)、毛笔、镊子、海绵、解剖镜(或放大镜)、玉米粉、琼脂、蔗糖、酵母、丙酸、乙醚。

【实验材料】

黑檀体长翅果蝇(图 3-1)*ee*++、灰体残翅果蝇++*vgvg*(或灰体长翅果蝇++++、黑檀体残翅果蝇 *eevgvg*)

图 3-1　黑檀体长翅果蝇

【实验方法与步骤】

1. 收集雌果蝇品系黑檀体长翅果蝇 *ee*++和灰体残翅果蝇++*vgvg* 的处女蝇。

2. 将黑檀体果蝇和残翅果蝇杂交，其中正交和反交各一瓶。正交：黑檀体长翅(♀)×灰体残翅(♂)；反交：灰体残翅(♀)×黑檀体长翅(♂)。除去已经羽化出来的成蝇，将新羽化出来的处女蝇(黑檀体和残翅)分别倒入麻醉瓶中麻醉，挑 5~10 只雌蝇分别移到杂交瓶 1 和 2 中，再分别挑选 5~10 只残翅和黑檀体雄蝇移到杂交瓶 1 和 2 中，贴好标签，注明杂交组合、日期和实验者姓名，置 25℃培养箱中进行杂交。

3. 7~8 天后，倒去亲本果蝇。

4. 再过 4~5 天，出现 F_1 成蝇，观察其性状，应为灰体长翅，连续检查 2~3 天。若不符合则杂交有差错，不能进行下去，需重新杂交。

5. 按原来的正、反交各选 5~10 对 F_1 成蝇，转入新的培养瓶继续培养。

6. 7~8 天后，倒去 F_1 亲本果蝇。

7. 4~5 天，F_2 成蝇出现，将其麻醉(可深度麻醉，此时翅膀外展 45°)后倒在白瓷板上进行性状的观察和统计，可每隔 1 天统计 1 次，连续统计 3~4 次(100~200 只)。统计过的果蝇转至死蝇瓶中。

【注意事项】

杂交所用的雌蝇必须是处女蝇。

【实验报告与思考题】

1. 将实验结果填入表 3-3，用卡方法检测实验结果，填写表 3-4。分别根据卡方值和自由度查表，得到频率，提出结论，完成实验报告。

2. 本实验的 F_1 果蝇是否要选择处女蝇？为什么？

表 3-3　F_2 果蝇中 4 种表型的数目记录表

统计日期	黑檀体长翅	灰体残翅	黑檀体残翅	灰体长翅
合　计				

表 3-4　卡方测验表

	黑檀体长翅	灰体残翅	黑檀体残翅	灰体长翅
观测数(O)				
理论数(E)				
$O-E$				
$(O-E)^2/E$				

实验4　细胞减数分裂的制片与观察

实验4.1　植 物 部 分

【实验目的】

1. 了解植物生殖细胞的形成过程。
2. 熟悉减数分裂各期特点。
3. 学习花粉母细胞的取材和染色体涂片技术。

【实验原理】

减数分裂是一种特殊方式的细胞分裂，只发生在生殖细胞形成的过程中。它包括减数第一次分裂和减数第二次分裂两个连续过程。根据染色体的变化，两次分裂均可分为前期、中期、后期和末期。由于减数第一次分裂的前期较长，染色体发生了复杂的变化，故又将减数分裂前期 I 细分为细线期、偶线期、粗线期、双线期和终变期 5 个时期。减数分裂的特点是连续进行 2 次核分裂，而染色体只复制 1 次，从而所形成的四分体细胞(或雌、雄配子)的染色体数目只有体细胞的一半。经过受精后，合子中的染色体数目又恢复到二倍体水平。此外，减数分裂过程中染色体出现同源配对、非姐妹染色单体间片段交换、同源染色体相互分离等一系列独特行为，为远缘杂种的分析及三大遗传定律的论证等遗传研究提供了直接或间接的证据。所以，深入认识减数分裂对学习遗传学规律是非常重要的。

绝大部分高等植物的花药内含有大量发育同步的花粉母细胞，在适宜的时期进行固定处理，可作为观察减数分裂的理想材料。在发育的适宜时期进行取样、固定、染色、压片等程序，便可在显微镜下观察到减数分裂时染色体的行为变化。

【实验仪器和药品】

1. 仪器

显微镜、镊子、解剖刀、解剖针、刀片、计时器、染缸、酒精灯、吸水纸、镜头纸、培养皿、材料瓶、载玻片、盖玻片、标签、铅笔等常用工具。

2. 药品

卡诺固定液(95%乙醇：冰醋酸=3：1，*V*/*V*)、1mol/L HCl、45%乙酸、0.5%醋酸洋红或醋酸地衣红、改良苯酚品红、醋酸-铁矾-苏木精、无水乙醇、95%乙醇、80%乙醇、70%乙醇、中性树胶和石蜡等。

【实验材料】

黑麦(*Secale cereale*，$2n = 2x = 14$)、大麦(*Hordeum sativum*，$2n = 2x = 14$)、玉米(*Zea mays*，$2n = 2x = 20$)、普通小麦(*Triticum aestivum*，$2n = 6x = 42$)、大葱(*Allium fistolosum*，$2n = 2x = 16$)、银杏(*Ginkgo biloba*，$2n = 2x =24$)的幼嫩(雄)

花序(银杏花药属于不同步分裂类型)，蚕豆(*Vicia faba*，$2n = 2x = 12$)、豌豆(*Pisum sativum*，$2n = 2x = 14$)、萝卜(*Raphanus sativus*，$2n=2x=18$)、韭菜(*Allium tuberosum*，$2n = 2x = 32$)、柚(*Citrus grandis*，$2n = 2x = 18$，36)、梨(*Pyrus communic*，$2n = 2x = 34$)、苹果(*Pyrus malus*，$2n = 2x = 34$)、茶(*Camellia sinensis*，$2n = 2x = 30$)、百合(*Lilium brownii* var.*viridulum*，$2n = 2x =24$)等的幼嫩花蕾。

【实验方法与步骤】

1. 取材

在植物发育的适当时期，收集足够量、大小适宜的雄花序或花蕾。此步是实验的关键。

表 4-1 为部分植物减数分裂观察取材的参考时间。需要注意的是，各种植物具体的外部指标又依当年的温度、水分、光照、肥料等条件及植株生长状况的不同而异。因此一般在植物生殖生长期、营养生长旺盛期，且上午 8:00~11:00 取材更为适宜。

表 4-1 常用植物花粉母细胞减数分裂制片取材时间

种类	取材时间	花器或植株的外部形态指标
豌豆	8:00~10:00	现蕾期，花蕾长 2~3mm
蚕豆	8:00~10:00	现蕾期，花蕾长 1~2mm(蚕豆开花的次序是由下而上、由外而内)
黑麦	10:00~11:00	植株开始挑旗，旗叶与下一叶叶枕距为 0~3cm
普通小麦	10:00~11:00，(武汉) 6:00~7:00，(西安) 9:30~11:30，(北京)	孕穗初期，抽穗前 10~15 天，植株开始挑旗，旗叶与下一叶叶枕距为 2~4cm，幼穗长约 5cm，第 1、2 小花花药长约 2mm，呈黄绿色；绿色花药过早，而黄色花药过晚
玉米	7:00~10:00	玉米中上部区域小穗成熟较早，中下部为幼嫩部分。通常选择不同发育阶段的小穗，可以在一个装片中看到小孢子形成的各个时期。孕穗期(一般早熟种约 10 片展开叶，中熟种 12~14 叶，晚熟种 14~16 叶)，手摸植株上部(喇叭口下部)有松软感觉，为即将抽出雄花序。纵向划一切口检查，先端小花苞长 4~6mm，花药长 2~3mm，且尚未变黄。此外，玉米小穗是成对存在的，每个小穗中有 2 朵小花，各有花药 3 个，同一朵小花的 3 个花药几乎是同步生长的
水稻	6:30~8:00	剑叶与下一叶叶枕齐平，即叶枕距为 0，早熟种适当提前(叶枕距可为负)，晚熟种适当延后(叶枕距应为正)。通常穗长 6~8cm，颖花长 3mm 为分裂始期；穗长 14~15cm，颖花长 4mm 为分裂盛期；穗长达全长，颖花长 6mm 时为分裂终期
棉花	8:00~9:00	花期较长，现蕾后可按花蕾长度取材。陆地棉三角苞长 1cm 左右，花萼与花瓣等长，整个花蕾长 3~5mm
油菜	9:00~11:00	花蕾长 1~3mm
大葱 洋葱	9:00~12:00	长出花序呈绿色(转黄时已过晚)，花蕾长 3~4mm，花药长约 1mm
番茄	8:30~9:30	花期较长，现蕾后可取长 3~4mm 花蕾
萝卜	10:00~12:00	花序的花蕾比菜豆小或刚如菜豆大小
韭菜	9:30~12:00	花序的花蕾比菜豆小或刚如菜豆大小

续表

种类	取材时间	花器或植株的外部形态指标
甜橙	8:00~11:00	距盛花期时间 15~20 天，花蕾直径 4~5mm
红橘	8:00~12:00	距盛花期时间约 10 天，花蕾直径 2.5~4mm
柚	8:00~12:00	距盛花期时间约 15 天，花蕾直径 5~6mm
梨	9:00~12:00	距盛花期时间约 20 天，花芽鳞片明显伸长，基部露出较多的绿色
金冠苹果	7:00~9:00	距盛花期时间约 20 天，花芽开绽期、莲座叶展开 1~2 片
元帅苹果	7:00~9:00	距盛花期时间 15~18 天，花芽开绽期、莲座叶展开 1~2 片
桃	6:00~8:00	距盛花期时间 45~48 天，花芽鳞片略有松动，植株仍是休眠状
橘	8:00~12:00	吐蕾期，花蕾长 3~9mm
茶	6:30~9:00	6~7 月下旬，花蕾直径 4~5mm
杉木	2 月 10 日前后 9:00~15:00	小孢子叶球膨大与鳞茎等长(但尚未伸长)，长 8~10mm，且小孢子叶球颜色深绿，尚未变成黄褐色
马尾松	3 月 10~20 日 9:00~15:00	小孢子叶球开始膨大，但尚未伸长

2. 固定

最常用的固定液是卡诺固定液。将取得的幼嫩花序或花蕾立即投入固定液中，处理 12~24h，然后转入 70%乙醇中，4℃冰箱可保存 2 年。

对于果树和茶的花蕾，用 95%乙醇：氯仿：饱和氢氧化铁丙酸铵=6：3：1 固定为宜；固定时间柑橘类 48~72h，其他果树 24h 为宜。倒去固定液，用梯度乙醇(95%—80%—70%)依次浸泡漂洗 5~30min，直至去除乙酸味。固定后可置 70%乙醇中保存，于 4℃冰箱内可保存数年。

幼小花药或临时检样时亦可不经固定处理，直接置于醋酸洋红中可同时达到固定和染色的目的；但是先经过固定处理的材料更易于染色、分色和保存。

3. 制片

取 1~3 枚花药放在洁净的载玻片上，吸去多余的保存液，用刀片或两支解剖针将花药横向切断，滴 1 滴改良苯酚品红或醋酸洋红染色液于花药上，用镊子挤压花药，使花粉母细胞从花药中逸出，再用镊子把药壁等残渣镊走。静置染色 2~3min。百合和银杏花药制成的载玻片，不需要烤片，只要染色 8~12min，即可观察。

4. 初检与压片

用一盖玻片的一边靠在载玻片，待染色液布满整个边缘时，左手用镊子顶着盖玻片，右手用解剖针托着盖玻片轻轻放下，染色液不能布满盖玻片时，则在盖玻片边缘补充少许染色液。在盖玻片上覆一小块吸水纸，用拇指加压(加压时勿使盖玻片与载玻片滑动)。

5. 烤片

用镊子夹住载玻片，在酒精灯上来回移动，并不时将片子放在手背上试温，以不烫手为宜。经烤片后，细胞质颜色减退，使染色体得到充分鲜明的着色。

6. 脱色

若染色太深，可从盖玻片一侧滴加 45%冰醋酸，在另一边用滤纸吸，让冰醋酸从盖玻片下流过，置换出染液，使细胞质背景颜色变浅。

7. 镜检观察

在显微镜下寻找适当视野(先低倍再高倍)，正确区分处于减数分裂各个时期的花粉母细胞、二分体、四分体及花粉粒、花药壁残留组织与细胞。鉴别各分裂时期，观察减数分裂各时期细胞特征与染色体的形态结构、数目及行为变化。

一般花粉母细胞大，呈圆形或椭圆形，细胞核大，着色较浅；药壁组织细胞较小，比较整齐一致，着色较深；从四分体脱开后的小孢子或幼小花粉粒则大小中等，略呈扇形；成熟花粉粒较大，呈半透明状，并具有明显外壳。东乡野生稻与栽培稻正、反交种间杂种 F_1 减数分裂主要时期见图 4-1。

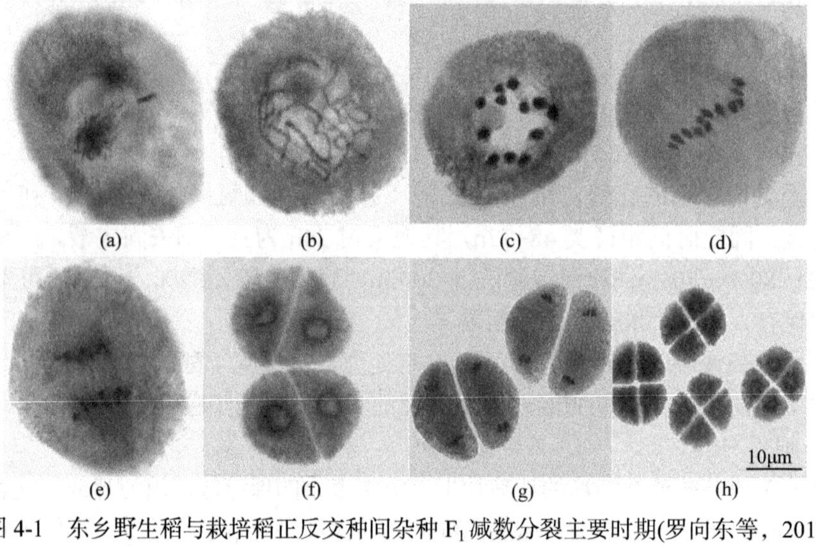

图 4-1　东乡野生稻与栽培稻正反交种间杂种 F_1 减数分裂主要时期(罗向东等，2011)

(a) 细线期; (b) 粗线期; (c) 终变期，含 12 对环状二价体; (d) 中期 I; (e) 后期 I，同源染色体向两极分离; (f) 末期 I; (g)后期 II; (h) 四分体

植物减数分裂过程模式图见图 4-2。为更好地观察减数分裂过程，现将减数分裂各时期主要特点归类如下。

间期 I：玉米的减数分裂中，间期细胞染色质松散，核内染色较为均匀。

1. 减数第一次分裂

(1) 前期 I：核仁、核膜存在，又分为 5 个时期。

1) 细线期：染色质浓缩为细长的丝，每一染色体已复制为两个单体。

2) 偶线期：同源染色体开始配对，配对的染色体称四价体。

3) 粗线期：染色体缩短变粗。

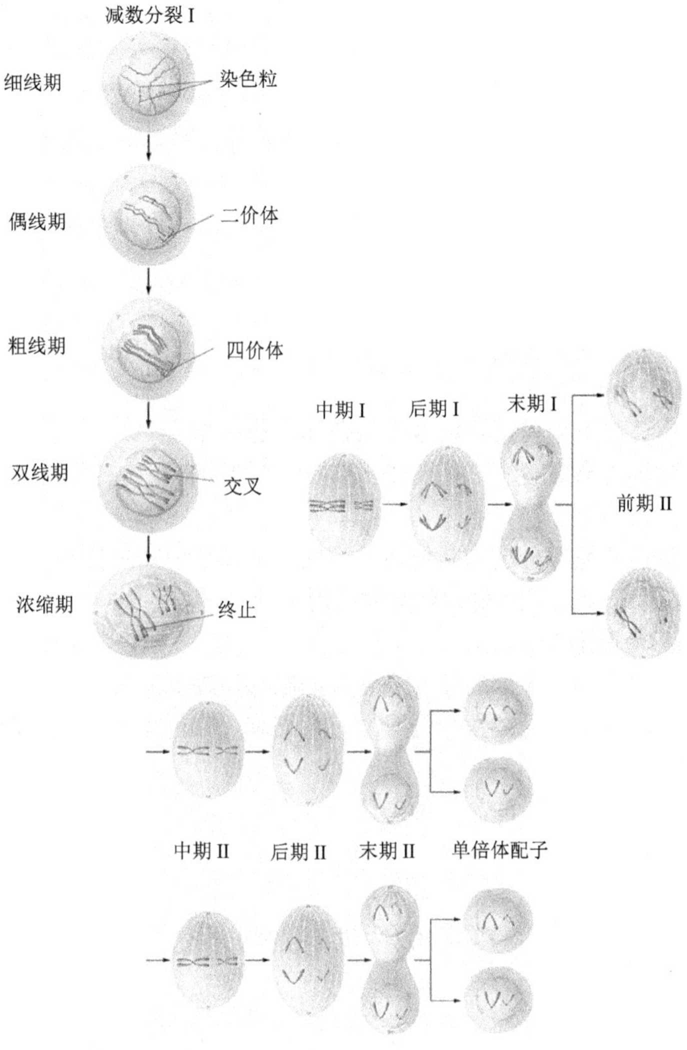

图 4-2　植物减数分裂过程模式图(William，et al.，2008)

4) 双线期：染色体继续缩短变粗，配对的染色体开始分开，此时可以看到染色体的交叉现象。

5) 浓缩期(终变期)：染色体最为粗短，两两成对，是染色体计数的最好时期。

(2) 中期 I：纺锤体形成，染色体排列在赤道板上。

(3) 后期 I：同源染色体彼此分开，向细胞两极移动。

(4) 末期 I：染色体到达细胞两极后逐渐解旋。核仁、核膜出现，形成 2 个子细胞。

2. 减数第二次分裂

(1) 前期 II：前期 II 与有丝分裂的前期一样，每条染色体都具有 2 条单体。

(2) 中期 II：染色体浓缩变短，着丝粒排列在赤道板上，纺锤体出现。

(3) 后期 II：姐妹染色单体开始向细胞两极移动。

(4) 末期 II：移向细胞两极的染色体逐渐解旋，核仁、核膜出现，再形成 2 个子细胞。

减数分裂后，一个花粉母细胞分裂成 4 个子细胞，即四分孢子，四分孢子在花粉囊中进一步发育成为花粉粒。

【注意事项】

1. 本次实验成功的关键是选取合适的发育时期的植物花药，花药剥离时大、中、小花药都要有，量要充足。

2. 压片不要过于用力，否则改变染色体固有构型。

3. 注意实验材料的选择及正确区分花粉母细胞与花药壁细胞和准确辨别前期 I 的不同形态。

4. 银杏花药的减数分裂与其他植物不同，是属于不同步分裂的，所以在同一个花药制成的片子中，可以观察到减数分裂不同的时期。

【实验报告与思考题】

1. 制作能观察到较多分裂相，且各时期图像清晰的制片 1~2 张。

2. 绘制你所观察到的减数分裂典型时期细胞、染色体图像，并简要说明染色体的行为特征。

3. 醋酸洋红和改良苯酚品红的染色结果有什么区别？

4. 观察分析自己学习制片操作过程中出现的问题及可能原因。

实验 4.2 动 物 部 分

【实验目的】

通过实验了解高等动物精子形成中的减数分裂过程，观察其染色体的动态变化。学习并掌握蝗虫减数分裂的制片和染色分析技术。

【实验原理】

减数分裂是配子发生过程中产生精子和卵子的一种特殊的细胞分裂。它是由有性组织(精巢和卵巢)中的某些细胞分化为精母细胞或卵母细胞($2n$)，进一步由这些细胞进行减数分裂，最终各自产生 4 个精细胞($1n$)，或是分别产生 1 个卵细胞($1n$)与 3 个退化的极体($1n$)。减数分裂包括减数分裂 I 和减数分裂 II。两次分裂可根据染色体变化特点分为前期、中期、后期和末期。由于第一次分裂前期较长，而且变化复杂，故其前期又分为细线期、偶线期、粗线期、双线期和终变期，共 5 个时期。在减数分裂过程中，同源染色体之间发生联会、交换和分离，非同源染色体之间进行自由组合，最终分裂成为染色体数目减半的 4 个子细胞。精卵细胞经过受精结合成为受精卵发育为新的个体，这样又恢复了原有染色体的数目。

蝗虫属于昆虫纲、直翅目，性染色体为 XO 类型，雄虫 $2n=23$，XO；雌虫 $2n=24$，XX，染色体较大，易于观察，其精巢是观察减数分裂的好材料。

【实验仪器和药品】

显微镜、解剖镜、解剖盘、剪刀、镊子、卡诺固定液、刀片、载玻片、盖玻片、吸水纸、小广口瓶、改良苯酚品红染色液等。

【实验材料】

蝗虫精巢。

【实验方法与步骤】

1. 剥取精巢

在蝗虫繁殖季节捕捉雄蝗虫，剪掉翅膀，置于解剖盘中用剪刀沿背侧背中线剪开体壁，用镊子于第 2~3 背板下取出精巢(黄色的团块)，见图 4-3。

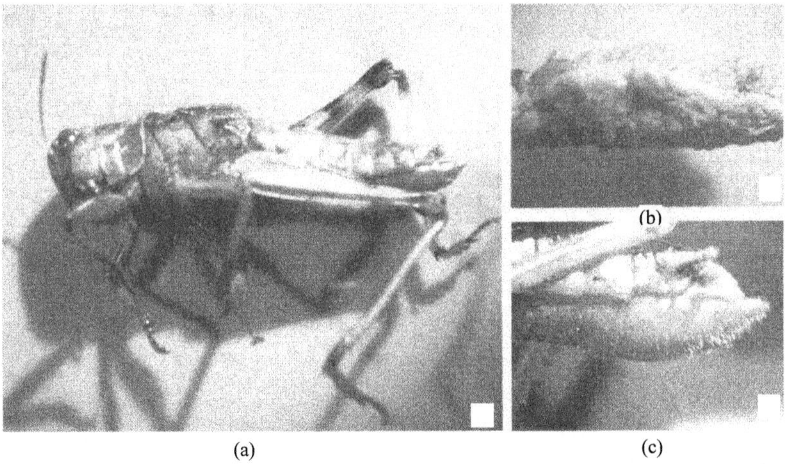

图 4-3　剥取精巢步骤(杨大翔，2004)

(a) 显示剪去翅膀的雄蝗；(b) 精巢；(c) 雄蝗外生殖器的特征

2. 固定

剥去精巢表面的脂肪，洗净移至卡诺固定液固定 2~8h。

3. 保存

待精巢发白，再转到 70%乙醇中，4℃冰箱内保存，备用。

4. 涂片

取出保存的精巢，水洗干净，用吸水纸吸干表面水分。用解剖针将精巢轻轻分离开，可看到大量的精细小管。取 1~2 个精细小管放在干净的载玻片上，用刀片在精细小管上横划 2~3 刀，用镊子挤出其中内容物。

5. 染色与镜检

滴加 1~2 滴改良苯酚品红染色液，染色 10~15min，加上盖玻片，加压吸去多余染色液，显微镜下观察精巢减数分裂各个时期，见图 4-4。

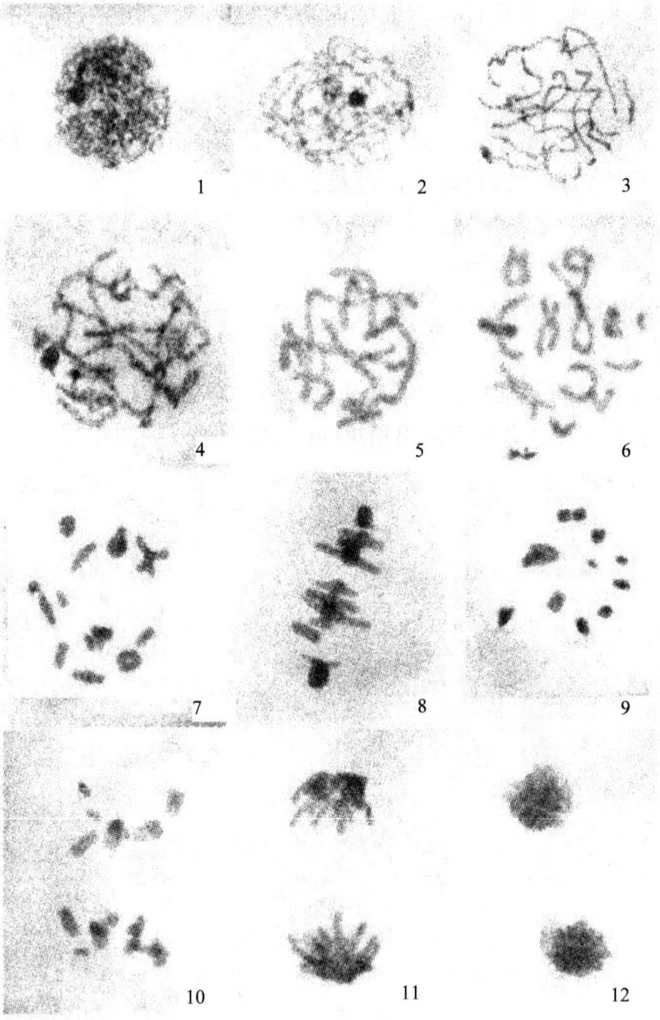

蝗虫减数第一次分裂各期

1. 细线期；2. 偶线期；3. 早粗线期；4. 粗线期；5. 晚粗线期；6. 双线期；
7. 终变期；8. 中期 I(侧面观)；9. 中期 I(极面观)；10. 早后期 I；11. 后期 I；12. 末期 I

图 4-4　蝗虫减数分裂各个时期(李凤霞，2006)

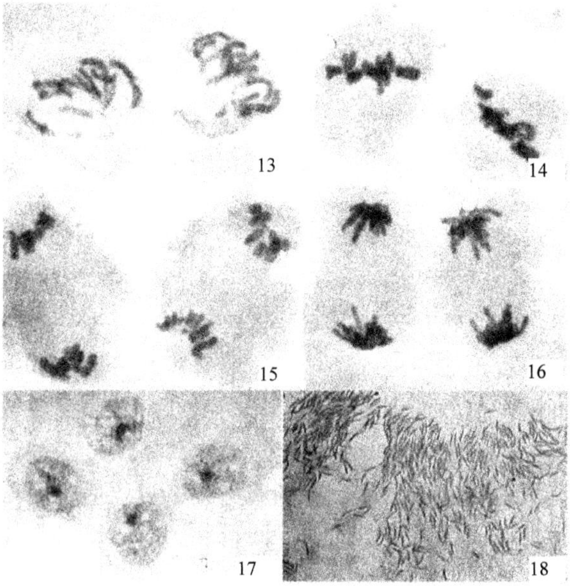

蝗虫减数第二次分裂各期
13. 前期II；14. 中期II；15. 后期II；16. 末期II；17. 精细胞；18. 精子

图 4-4 (续)

【注意事项】

1. 本实验成功的关键是选取合适的发育时期的动物精巢。发育时期与精巢大小有一定对应关系，通过若干次制片即可观察到减数分裂的不同时期。

2. 精巢表面的脂肪必须剥离干净，否则压片时会影响染色效果。

3. 加盖玻片压平时，勿使盖玻片滑动，否则细胞会变形，不利观察。

【实验报告与思考题】

1. 制作分裂相较多，而且各时期图像清晰的制片 1~2 张。

2. 观察减数分裂各个时期的特点，并画出图。

3. 减数分裂中同源染色体配对和分离分别发生在哪些时期？

4. 减数分裂中染色单体的交换和分离发生在哪些时期？

实验 5　细胞有丝分裂的制片与观察

【实验目的】

掌握植物根尖有丝分裂制片技术，了解和辨别有丝分裂各个时期染色体形态特征及动态变化。

【实验原理】

具有自我复制能力是生命的一个基本特征。单细胞生物可以通过细胞分裂直接复制自身，而多细胞生物从受精卵开始，经过有丝分裂使细胞不断增殖并经过一系列复杂的分化过程形成新一代个体。一般来说，只要能够进行细胞分裂的植物组织或是单个细胞都可以作为观察染色体的材料。例如，植物的顶端分生组织(根尖或茎尖)、居间分生组织(禾本科植物的幼茎及叶壳)、愈伤组织和胚乳、萌发的花粉管等，在这些组织内不断进行着细胞分裂。只要适时取材，并经固定、离析、染色等处理后制成染色体玻片标本，即可利用显微镜对有丝分裂和染色体进行观察。

根尖是最常用的材料，其原因有以下几个方面。

(1) 根尖取材容易，操作和鉴定也比其他器官与组织方便。

(2) 实验室内采用种子萌发后所长出的新鲜幼嫩根尖，不受植物生长季节的影响和限制，并且可以大量获得。

(3) 对于某些珍贵而又稀少的实验材料，取用自然条件下生长植株的根尖比取用茎尖、花器等对材料的伤害要小得多。

(4) 采用实验室内种子发根，切取根尖后的种苗通常还可以进行正常种植，利于后续研究进行。

【实验仪器和药品】

显微镜、恒温箱、水浴锅、计时器、培养皿、酒精灯、小烧杯、试管、载玻片、盖玻片、镊子、剪刀、刀片、解剖针、吸水纸、纱布、标签、铅笔和橡皮等常用工具。

醋酸洋红、醋酸地衣红、铁矾-苏木精、改良苯酚品红等染液，卡诺固定液，FAA 固定液，冰醋酸，甲醇，无水乙醇，95%乙醇，0.1%升汞， 1 mol/L 盐酸， 1 %果胶酶与纤维素酶混合液等。

【实验材料】

蚕豆(*Vicia faba*，$2n = 2x = 12$)、黑麦(*Secale cereale*，$2n = 2x = 14$)、大麦(*Hordeum sativum*，$2n = 2x = 14$)、普通小麦(*Triticum aestivum*，$2n = 2x = 42$)、玉米(*Zea mays*，$2n = 2x = 20$)、豌豆(*Pisum sativum*，$2n = 2x = 14$)、洋葱(*Aillum cepa*，$2n=16$)等的根尖。

【实验方法与步骤】

1. 发根

将蚕豆、玉米、黑麦等植物种子用 0.1%升汞消毒 10min，经流水冲洗，温水浸种 1~2 天后，置 25℃恒温箱中发根。待主根长到 2cm 左右时剪去主根(须根系植物的种子发出的主根不需剪掉)，让其充分长出侧根。待侧根长到 1~2cm 时，于适宜时间用蒸馏水洗净，将水吸干，剪取根尖 0.5~1cm 进行预处理。若以洋葱为材料，将洋葱鳞茎置于盛水的烧杯口上，使洋葱鳞茎与水相接，在 25℃下发根。为获得尽可能多的分裂相，蚕豆根尖以上午 9:00~10:00 剪取为宜，洋葱根尖以中午 12:30~13:30 切取为宜。

2. 固定

剪下根移至卡诺固定液固定 4~24h，用 95%的乙醇洗两次，转入 70%乙醇中 4℃冰箱保存。固定的目的是采用各种渗透力强的固定液将植物的组织、细胞迅速杀死，使蛋白质沉淀，并尽量使其保持原有状态。一般情况下，经过固定的材料马上进行染色效果较好，染色清晰而且染色体易分散。若在 70%乙醇中保存时间过长，会导致细胞质也易着色，并且染色体有不同程度的黏结，所以分散性差。

3. 酸解

注意酸的浓度、温度、处理时间。将固定的幼根放入 Eppendorf 管中，用蒸馏水浸洗 2 次，除去水后加入 1mol/L HCl 将幼根浸泡，放入 60℃水浴中水解 10~15min(水解时间与水温有反相关关系，蚕豆根尖 9~10min，玉米、黑麦、洋葱 10~15min)，待幼根软化(同时变为半透明)即可取出，用蒸馏水浸洗幼根 2~3 次，5min/次。对于玉米和黑麦等，有时酸解后还可在 25℃下酶解 20min。解离的目的是使分生组织细胞间的果胶质分解，细胞壁软化或部分分解，使细胞和染色体容易分散压平。

4. 染色

针对不同材料或希望获得的不同效果，可根据需要选择以下方法中的一种染色。

(1) 改良苯酚品红染色：若只做临时镜检观察，对解离后的材料水洗并吸干，挑取根尖乳白色分生组织于载玻片上夹碎捣烂，滴加 1~2 滴染液，染色 7~15min，压片。

(2) 福尔根反应染色：将解离材料洗净或直接转入席夫试剂于室温(最好在 10℃左右)进行福尔根染色反应 1~5h 或过夜，然后在漂洗液中漂洗 3 次，每次 5~10min，再经流水冲洗 5~10min，保存于 45%乙酸中供压片。若材料染色不足，也可再用 1%醋酸洋红复染压片。

福尔根反应是鉴别细胞中 DNA 的一种组织化学方法，它仅对核及染色体中的 DNA 显色，颜色比较均匀一致且清晰，细胞软化较好。染色后染色体一般比较柔软，压片时较长的染色体容易相互纠缠而不便于分散。实验表明，蚕豆、小麦、黑麦、洋葱、葱、蒜、百合等均适合于福尔根染色。

注：福尔根染色反应材料必须采用酸解法进行解离，并且对前处理要求较高，解离时间过长，福尔根反应会减退；减退程度还与固定剂种类有关，一般卡诺固定液的减退作用比 FAA 固定液明显。因此福尔根反应染色可采用 FAA 固定材料，然后将固定材料经过 50%乙醇转入水中，再转入 1mol/L HCl 中，于 60℃水浴中解离 5~15min，并迅速换入 1mol/L 冷 HCl 中。解离材料经水洗 1~2 次或直接进行福尔根反应。

(3) 1%醋酸洋红染色：若只做临时镜检观察，将解离水洗后的材料吸干，挑取根尖乳白色分生组织于载玻片上夹碎捣烂，滴加 1~2 滴染液，染色 10~20min，压片。用醋酸洋红染色时，可盖上盖玻片，在酒精灯上稍稍加热，但注意不能煮沸，这样可使材料更易软化和着色，并破坏部分细胞质使染色背景清晰。

(4) 醋酸地衣红染色：将材料置盛染液的试管中，在酒精灯上加热 3~5s，反复 2~3 次，静置 10~30min 或更长时间。取出材料用染液压片，可在压片后稍加热以加深染色。

(5) 铁矾-苏木精染色：经 HCl 解离后的材料用流水彻底冲洗后，转入新鲜配制的 4%铁矾溶液媒染 2~4h (如加温至 30~40℃媒染，则可缩短至 1h 左右)，再用水冲洗 20~25min，务必将残留的铁矾洗净。媒染后材料转入 0.5%苏木精中染色 2~4h 或更长时间(如加入苏木精后，染液很快混浊、发黑，则表示铁矾未洗净，需重新冲洗，再进行染色)，染色后用水冲洗 5~10min，置 45%乙酸内分色、软化 10~20min(可再经 1%氨水处理 1min，使材料充分软化)，压片(若染色后暂时不压片，可将材料转入 70%乙醇或蒸馏水保存于 4℃冰箱中)。

注：经染色后，除染色体能染上极深的蓝色外，细胞壁及细胞质也都能不同程度的着色；同时由于染色体吸附有媒染剂的金属离子，易变坚硬，压片后易分散。所以必须用 45%乙酸处理，以使染色体呈深蓝色，而细胞质退淡，染色体软化。此法对各种植物的染色体均可染上较深的颜色，反差大、分色清晰，利于摄影和制片标本长期保存，为其他染色方法所不及。

5. 压片

在经染色的材料上加一滴染液，盖上盖玻片，覆一层吸水纸，用竹筷子或带橡皮头的铅笔垂直敲打，或以拇指垂直紧压盖玻片(注意勿使盖玻片搓动)，使材料分散压平，便于观察。

一个解离良好的材料，只要用镊子尖轻轻地敲打盖玻片，分生组织细胞就可铺展成薄薄的一层，再用吸水纸把多余的染液吸掉，经显微镜镜检后，选择理想的分裂细胞，再在这个细胞附近轻轻敲打，使重叠的染色体渐渐分散，就能得到理想的分裂相。压片必须掌握以下两点：①压片材料要少，避免细胞紧贴在一起，致使细胞和染色体没有伸展的余地；②用镊子敲打盖玻片时，用力要均匀，若在压片时不注意，使个别染色体丢失，就会被迫放弃一个具良好分裂相的细胞。

6. 镜检

通常染色清晰而又分散得很好的分裂相只是少数，因此压片后要认真仔细地进行镜检。先在低倍镜下寻找有分裂相的视野，再用高倍镜或油镜仔细观察、计数或拍照。调节可变光阑与反光镜，使光线明暗合适，视场亮度适中。注意观察有丝分裂全过程的染色体形态变化，对好的分裂图像做上标记，以便再观察。

7. 临时封片保存

制片短时间保存要防止玻片间的溶液干涸、空气进入，导致无法观察。临时制片保存可在盖玻片周围滴上45%乙酸或染液，放入有湿滤纸的培养皿内，加盖后可保存数小时到一天。如制片标本符合要求，而又只需要短期(一般在一周以内)保存，可采用中性树胶或石蜡临时封片。用烧红的解剖针挑取少量石蜡(或石蜡与凡士林等体积混合物)沿盖玻片周围封闭。

制作完成的制片标本要贴上标签，注明材料名称、可观察到的有丝分裂典型时期、制片时间、制作者等信息。

火球花和蚕豆的有丝分裂过程见图5-1与图5-2，栽培黄瓜的中期染色体见图5-3。有丝分裂各时期主要特点归纳如下。

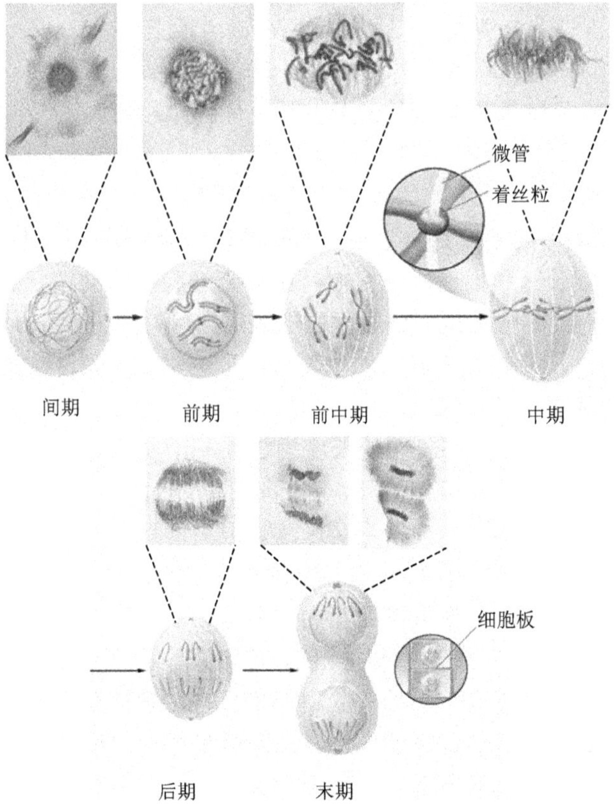

图5-1　火球花的有丝分裂过程(William，et al.，2008)

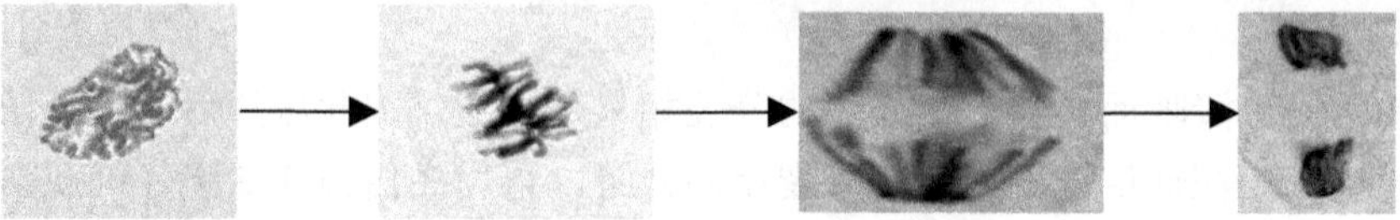

图 5-2 蚕豆根尖有丝分裂过程

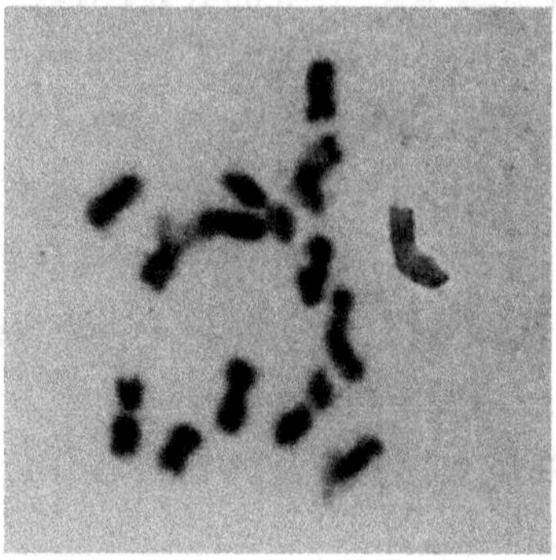

图 5-3 栽培黄瓜(*Cucumis sativus* L.) 中期染色体($2n$=14)

(1) 前期：细胞核染色质开始浓缩，逐渐变粗变短，形成早期的染色体。

(2) 中期：核膜完全消失，染色体排列在赤道板上。

(3) 后期：姐妹染色单体分离，产生两个染色单体。

(4) 末期：染色单体向两极的迁移完成，核分裂完成，每个细胞有两个细胞核。

【注意事项】

1. 根尖是指从根的顶端到着生根毛部分的这一段。根尖可以分为 4 个部分：根冠、分生区、伸长区和根毛区。根冠是由薄壁细胞组成的帽状结构，位于根尖的顶端，包围着根尖的分生区。分生区位于根冠内侧，全长 1~2mm，是分裂产生新细胞的主要部位，又称生长点，外观乳白色不透明。伸长区位于分生区稍后部分。此区细胞分裂活动越来越弱，并逐渐停止，而细胞体积却不断扩大，并显著地沿着根的纵轴方向伸长。伸长区的长度为 2~5mm，外观较为透明洁白，可与生长点相区别。此区细胞除显著伸长外，在后端的部分细胞已加速了分化，开始出现早期的各种组织，并不断地向根毛区过渡。根尖压片主要取分生区部分。

2. 根尖由于取材方便是观察植物染色体最常用的材料。有些植物种子难以发芽，或仅有植株而无种子，也可以用茎尖作为材料。

3. 植物细胞分裂周期的长短不尽相同，通常在十到几十小时。温度明显地影响分裂周期，对于一个不太熟悉的实验材料最好在特定温度下长根，掌握有丝分裂高潮期，便得到更多有丝分裂的细胞。取材预处理时，应该在组织分生细胞分裂最活跃的时间取材，一般在上午 8:00~11:00。

4. 染色时，染色液的浓度和染色时间必须掌握好。特别是染色不能过深，否则镜下一片紫色，无法观察；也不能过浅，否则染色质和染色体的形态及数目不易辨清。

5. 制片时，要用镊子把分生组织弄碎，且材料不宜太多；另外要压片，这样可以使细胞和染色体充分的均匀分散。

【实验报告与思考题】

1. 制作细胞有丝分裂前、中、后、末各期的制片各一张。贴上标签，注明材料名称、染色方法、制片日期和制作者姓名。

2. 绘制所观察到有丝分裂典型时期的染色体图像，并简要说明各时期染色体的行为变化和特征。

3. 固定液的作用是什么？在使用固定液时应注意哪些问题？

4. 解离的目的是什么？解离的方法有哪些？

实验 6　大肠杆菌的中断杂交

【实验目的】

1. 了解大肠杆菌接合及染色体基因定位的原理。

2. 掌握细菌中断杂交的基本方法。

【实验原理】

在有些大肠杆菌体内，除了大肠杆菌染色体以外，细胞质中还存在一种游离于染色体外的双链、环形质粒 DNA，称为 F 因子(fertility factor，致育因子)。具有 F 因子，独立于染色体进行自主复制的细菌称为 F^+菌；缺少 F 因子的细菌称为 F^-菌。F 因子具有致育功能，可以使 F^+菌与 F^-菌间形成接合管，从而与 F^-菌相连。F^+菌与 F^-菌接合后，F 因子双链 DNA 的其中一条链即可通过接合管进入 F^-菌中，两条单链在细菌体内都可以通过复制形成一个完整的 F 因子，接合的结果是 F^-菌也成为 F^+菌。这种接合管是通过 F^+菌表面的菌毛与 F^-菌表面特异性受体结合而形成的，所以只有当 F^+菌和 F^-菌混合时，这种接合才能发生，两个 F^+菌或 F^-菌相遇时不会产生接合。虽然 F 因子从 F^+菌向 F^-菌的转移频率很高，但是染色体基因的转移却很少，重组频率大约只有 10^{-6}。因此，F^+菌又称为低频重组(low frequency recombination，Lfr)菌。

F 因子不仅可以游离于细胞质中，还可以整合到大肠杆菌的染色体上。F 因子整合到大肠杆菌的染色体上，并与染色体同步复制的细菌，可以诱导染色体 DNA 以较高频率向 F^-菌转移，所以这类细菌称为高频重组(high frequency recombination，Hfr)菌。Hfr 菌和 F^-菌混合时，Hfr 菌染色体通过接合管向 F^-菌转移，这种染色体的转移具有方向性，并能通过外界环境因素随时中断，处在前端的 *Hfr* 基因出现在 F^-菌中的概率高，而位于后端的 *Hfr* 基因出现在 F^-菌中的概率相应降低，即后代重组子出现的多少反映了基因转移的先后顺序。除非接合的时间足够长，否则 Hfr 菌往往不能将 F 因子完全转移入 F^-菌中。因此，Hfr 菌和 F^-菌接合一般不能使 F^-菌成为 F^+菌。

根据这种原理，可以通过外界机械振荡的力量对 Hfr 菌和 F^-菌的杂交进行中断，以测定 Hfr 标记在 F^-菌中出现的先后顺序与时间，对其基因进行定位。

【实验仪器和药品】

恒温培养箱、振荡混合器、高压灭菌锅、培养皿、三角瓶、移液器、超净工作台、摇床、涂布棒、LB 液体培养液、A~E 固体选择培养基。

【实验材料】

供体菌株：大肠杆菌(*E.coli*)CSH60：Hfr *sup* (*str*^{s}，链霉素抗性缺陷型)

受体菌株：大肠杆菌(*E.coli*)CSH57：F^- *ara leu lacY purE gal trp his argG malA strA xyL mtl ilv metB thi* (表型：Ara^- Leu^- Lac^- Ade^- Gal^- Trp^- His^- Arg^- Mal^- Xyl^- Mtl^- Ile^- Met^- Bl^-)，str^r(抗链霉素)。

【实验方法与步骤】

1. 菌体的活化：从–80℃中取出保存的受体菌和供体菌，分别接种于 3~5ml 的 LB 液体培养液中，37℃，220r/min 的摇床中培养过夜(14~16h)。

2. 将培养过夜的菌体按 1∶10 的比例分别转入新鲜的 LB 液体培养液中，37℃，220r/min 的摇床中继续培养 2~3h。

3. 将余下的菌液，分别取 0.2ml 供体菌和 4ml 受体菌于三角瓶中混合后，37℃摇床中轻摇培养(50~60r/min)。

4. 分别在培养 0min、10min、20min、30min、40min、50min、60min 时，取 0.2ml 上述混合菌液以无菌生理盐水 50 倍稀释后，立即在振荡混合器中剧烈振荡 30s，吸取 100μl 振荡后的菌液分别涂布在 A~E 平板上。同时取未混合的受体菌和供体菌 100μl 涂布于基本培养基 A 上，设为对照组。倒置含菌液的平板于 37℃恒温培养箱中培养过夜。

5. 计数不同时间中断处理后平板上的菌落数，并确定 Hfr 菌染色体上基因的排列顺序与位置。

【注意事项】

1. 接菌时，涂布棒要有足够时间让其冷却，以免烫死菌种，导致接菌失败。

2. 接菌时，注意不要造成交叉感染。

【实验报告与思考题】

1. 统计不同时间中断处理后标记重组子在 F^-菌中出现的概率，填入表 6-1。

表 6-1　不同时间中断处理后平板上的菌落数

培养基 / 类型	菌落数/皿						
	0min	10min	20min	30min	40min	50min	60min
A							
B							
C							
D							
E							

2. 确定 Hfr 菌染色体上基因的排列顺序与位置。

附

1. 基本培养基 A 的配制方法:

糖	4g
维生素 B_1	4mg

$MgSO_4 \cdot 7H_2O$	0.25g
K_2HPO_4	10.5g
$(NH_4)_2SO_4$	1g
二水合柠檬酸钠	0.5g
琼脂	15g
蒸馏水	1000ml

2. A~E 固体选择培养基中所补充的组分如表 6-2 所示。

表 6-2 A~E 固体选择培养基中所补充的组分

培养基	碳源	培养基中所补充的组分						选择性标记
		str	arg	ilv	ade	trp	his	
A	葡萄糖	+	+	+	+	+	+	–
B	葡萄糖	+	–	+	+	+	+	arg
C	葡萄糖	+	+	+	–	+	+	ade
D	葡萄糖	+	+	+	+	–	+	trp
E	葡萄糖	+	+	+	+	+	–	his

注：+表示添加，－表示不添加。

表 6-2 中各组分的添加量为：每 1000ml 基本培养基中添加链霉素 200mg、氨基酸 40mg(ilv 的加法是异亮氨酸 40mg、缬氨酸 40mg)。

实验 7　耳垂的群体遗传分析

【实验目的】

耳垂是人类群体遗传学研究的经典指标，通过人类耳垂性状的调查分析，了解其遗传方式、基因频率和基因型频率，学会遗传性状的系谱分析。

【实验原理】

人类的耳垂根据耳垂与颊部皮肤连接方式的不同而分为三种类型：三角形、方形和圆形。其中，方形和圆形为有耳垂型，是显性遗传；三角形为无耳垂型，是隐性遗传(图 7-1)。人的耳垂性状是由特定的基因控制形成的，因此，耳垂性状在不同的人体会有不同的表现。通过对一个特定人群的耳垂性状的调查，将调查材料进行整理分析，可以初步了解某性状的遗传方式、控制性状的基因型，并计算出耳垂出现频率。

基因频率指群体内某特定基因占该位点基因总数的比率，基因型频率指群体内某特定基因型个体占个体总数的比率。在随机婚配人类群体中，如果达到了遗传平衡，设有耳垂基因为 F，其频率为 p；无耳垂基因为 f，其基因频率为 q，则 $p+q=1$；有耳垂基因型有两种：FF 和 Ff，其频率分别为 p^2 和 $2pq$；无耳垂基因型为 ff，其频率为 q^2。

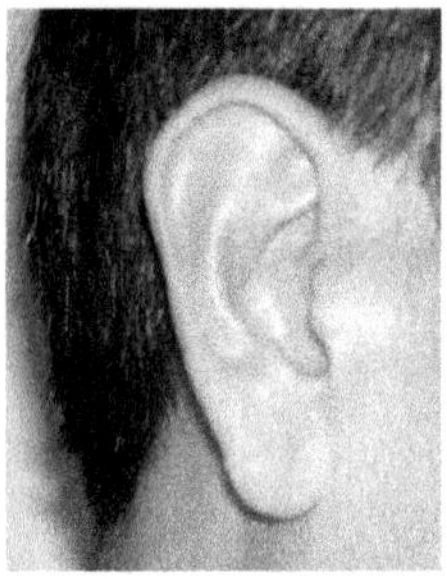

有耳垂

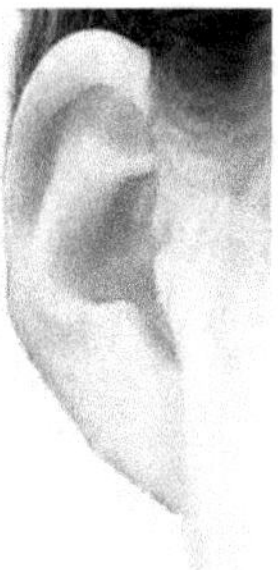

无耳垂

图 7-1　不同耳垂类型图

【实验仪器和药品】

记录本、笔。

【实验材料】

本院系学生或某一特定人群。

【实验方法与步骤】

1. 学生进行自我观察，学会识别耳垂性状，并进行记录。然后，要求同学之间互相观察，每个学生既要观察别人与自己相同的性状，又要观察别人与自己不同的性状。将观察结果填入表 7-1。

表 7-1 群体耳垂遗传性状调查

	表型	人数
耳垂	有	
	无	

2. 对自己家庭成员进行观察，观察父母、祖父母、外祖父母的耳垂性状，并与自己的进行对比，将观察结果填入表 7-2。按照基因型和表型的概念，对自己和家庭成员的遗传性状进行分析，绘制系谱图，并找出自己耳垂性状形成的原因。

表 7-2 家庭成员耳垂遗传性状调查

	本人	父	母	祖父	祖母	外祖父	外祖母
表型							
基因型							

3. 计算与分析各种耳垂变异类型所占比例，设决定有耳垂的基因为 F，决定无耳垂的基因为 f，计算基因频率和基因型频率。

【注意事项】

判定耳垂类型要严格客观，所调查人数要大于 30 人，才能符合统计学要求。

【实验报告与思考题】

1. 计算与分析各种耳垂变异类型和不同基因所占的比例。
2. 各种耳垂变异类型所占比例在不同性别间是否存在差异？

实验 8　眼睑性状的群体遗传分析

【实验目的】

眼睑是人类群体遗传学研究的经典指标，本实验的目的是学习和掌握眼睑的变异类型及特征，统计分析各种变异类型的频率。

【实验原理】

人类的眼睑(俗称眼皮)有单层和双层之分，见图 8-1。一般认为，该性状是受一对等位基因(E 与 e)所控制的，双眼皮为显性性状(基因型为 EE 或 Ee)，单眼皮为隐性性状(基因型为 ee)。双眼皮者表型为 $E\_$，单眼皮者表型为 ee。其中双眼皮是显性遗传，单眼皮是隐性遗传。关于这类性状的性质和遗传方式，目前尚有争论，还有待进一步研究。通过对一个特定人群的眼皮性状的调查，将调查材料进行整理分析，可以初步了解某性状的遗传方式、控制性状的基因型，并计算出单双眼皮出现的频率。

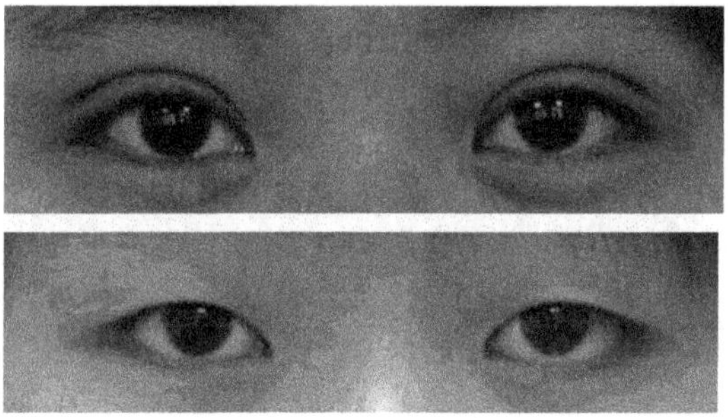

图 8-1　人类眼皮性状

【实验仪器和药品】

记录本、笔。

【实验材料】

本院系学生或某一特定人群。

【实验方法与步骤】

1. 按照表 8-1 观察和记录特定人群中双眼皮及单眼皮的人数。

表 8-1　同学眼皮遗传性状调查

	表型	人数
眼皮	双	
	单	

2. 计算与分析单眼皮和双眼皮类型所占比例。可设决定双眼皮的基因为 E，

决定单眼皮的基因为 e，计算等位基因频率和基因型频率。

3. 对自己家庭成员进行观察，观察父母、祖父母、外祖父母的眼皮性状，并与自己的进行对比，将观察结果填入表 8-2。按照基因型和表型的概念，对自己和家庭成员的遗传性状进行分析，绘制系谱图，并找出自己性状形成的原因。

表 8-2　家庭成员眼皮遗传性状调查

	本人	父	母	祖父	祖母	外祖父	外祖母
表型							
基因型							

4. 计算与分析两种眼皮变异类型所占比例在性别间是否有差异。

【注意事项】

1. 所调查人数要求至少 30 人以上，以符合统计学要求。
2. 要求学生不能弄虚作假，编造数据。

【实验报告与思考题】

1. 计算与分析两种眼皮变异类型和不同基因所占的比例。
2. 两种眼皮变异类型所占比例在不同性别间是否存在差异？

实验 9　ABO 血型的群体遗传分析

【实验目的】

1. 了解人类 ABO 血型决定的原理。
2. 了解人类 ABO 血型群体遗传分析的原理。
3. 掌握人类 ABO 血型的检测方法。
4. 掌握人类 ABO 血型表型及基因型频率的估算方法。

【实验原理】

人类 ABO 血型是典型的复等位基因决定的性状，由 I^A、I^B 和 i 三个基因决定。这些基因负责编码特定的红细胞表面抗原。ABO 血型与抗血清反应见表 9-1。其中，I^A、I^B 是共显性，i 是隐性。两基因不同的组合就形成了人类不同的血型，假设 p 为 I^A 的频率，q 为 I^B 的频率，r 为 i 的频率，O、A、B 和 AB 分别为血型 O、A、B 及 AB 的表型频率，ABO 血型基因型组成及其相应频率见表 9-2。当群体处于平衡状态时，ABO 血型中 I^A、I^B 和 i 基因频率及其可能的 6 种基因型频率的 Hardy-Weinberg 平衡由下列三项式决定：

$$[p\,(I^A)+q(I^B)+r(i)]^2=p^2\,(I^A I^A)+q^2(I^B I^B)+r^2(ii)+2pq\,(I^A I^B)+2pr\,(I^A i)+2qr\,(I^B i)=1$$

表 9-1　ABO 血型与抗血清反应

血型	红细胞表面抗原	血清中抗体	抗血清反应结果	
			α抗体	β抗体
A	A	β 抗体	+	–
B	B	α 抗体	–	+
AB	A、B	无	+	+
O	无	α、β 抗体	–	–

表 9-2　ABO 血型基因型组成及其相应频率

血型(表型)	基因型	基因型频率	血型频率
A	I^AI^A，I^Ai	p^2，$2pr$	$(p^2+2pr)=A$
B	I^BI^B，I^Bi	q^2，$2qr$	$(q^2+2qr)=B$
AB	I^AI^B	$2pq$	$2pq=AB$
O	ii	r^2	$r^2=O$

平衡状态时表型和基因型的关系，以及表型频率的期望值如表 9-3 所示。

表 9-3　ABO 血型表型及基因型频率

基因型	I^AI^A, I^Ai	I^BI^B, I^Bi	I^AI^B	ii
实际观察得到的表型频率	$\overline{A}$	$\overline{B}$	$\overline{AB}$	$\overline{O}$
理论的表型频率	p^2+2pr	q^2+2qr	$2pq$	r^2
频率估算	$p=1-\sqrt{\overline{B}+\overline{O}}$	$q=1-\sqrt{\overline{A}+\overline{O}}$	$r^2=\sqrt{\overline{O}}$	

根据理论的表型频率与群体样本中实际观察得到的表型频率的关系式，可以通过以下公式分别估算基因 I^A、I^B 和 r 的频率：

$$r(i)=\sqrt{r^2}=\sqrt{\overline{O}}$$
$$p(I^A)=1-(q+r)=1-\sqrt{(q+r)^2}=1-\sqrt{q^2+2qr+r^2}=1-\sqrt{\overline{B}+\overline{O}}$$
$$q(I^B)=1-\sqrt{\overline{A}+\overline{O}}$$

【实验仪器和药品】

采血针、采血管(内含肝素)、凹槽载玻片、吸管、牙签、计算器或电脑、ABO 血型分型试剂盒、70%乙醇、脱脂棉。

【实验材料】

本院系学生或某一特定人群。

【实验方法与步骤】

1. 用 70%乙醇脱脂棉球擦拭采血针、采血器和采血部位。

2. 用采血针获得约 0.05ml 血于采血管中，迅速混匀肝素与血液。

3. 取凹槽载玻片两张，分别标明 A 和 B，各取一滴血于两凹槽中。

4. 将抗 A 血清(含α抗体)和抗 B 血清(含β抗体)分别滴入含血的凹槽中，用牙签搅拌使血清与血液充分混合。

5. 观察血液变化，如出现颗粒状沉淀，表示红细胞已凝集。根据表 9-2 所示凝集结果确定血型结果。

【注意事项】

1. 采血后应立即充分混匀肝素与血液，防止血液凝固。

2. 玻片直接凝集后，48h 内检测。

3. 为减少误差，采血样本数尽可能大。

【实验报告与思考题】

1. 搜集大量的不同地区和不同民族的血型资料，根据表 9-3 对观察结果进行分析和统计。

2. 根据理论值和实际值结果进行 χ^2 检验。

3. 根据 χ^2 值和自由度(df=1)，查 P 值。如 $P>0.05$，则差异不显著，该群体为平衡群体；如 $P<0.05$，则差异显著，该群体为不平衡群体。

实验 10　苯硫脲尝味能力的群体遗传分析

【实验目的】

1. 了解苯硫脲尝味能力的遗传特征。
2. 掌握苯硫脲尝味能力的测试方法。
3. 掌握苯硫脲尝味能力不同基因频率的估算方法。

【实验原理】

苯硫脲(phenylthiourea)，又称苯基硫代碳酰二胺(phenylthiocarbamide，PTC)，是一种由尿素合成的化合物，不同的人对其溶液的苦味有不同的尝味能力。人类对 PTC 浓度尝味能力的差异由一对等位基因(*Tt*)控制，呈现不完全显性遗传的特征。人类对 PTC 浓度的苦味敏感性表现为连续的数量变化特性，其中 *T* 对 *t* 为不完全显性，基因型为 *TT* 者具有正常尝味能力，能尝出 1/6 000 000~ 1/750 000mol/L PTC 溶液的苦味；*Tt* 基因型者尝味能力低下，只能尝出 1/380 000~1/48 000mol/L PTC 溶液的苦味；而 *tt* 基因型者只能尝出 1/240 000mol/L PTC 溶液的苦味。通过对 PTC 不同浓度尝味能力的测试，可以对苯硫脲尝味能力进行群体遗传的分析。

【实验仪器和药品】

苯硫脲、蒸馏水、天平、广口瓶、容量瓶、烧杯、量筒、一次性塑料滴管、眼罩。

【实验材料】

本院系学生或某一特定人群。

【实验方法与步骤】

1. PTC 原液的配制：称取 1.3g 苯硫脲，加蒸馏水约 900ml，于烧杯中搅拌溶解，待苯硫脲完全溶解后，于 1000ml 容量瓶中定容，此为 1/750mol/L 的原液，记为 1 号液。2~14 号液皆由此原液按倍比稀释，具体见表 10-1。

表 10-1　PTC 溶液的配制方法、浓度和基因型

编号	配制方法	浓度/(mol/L)	基因型
1 号	1.3g PTC + 蒸馏水 1000ml	1/750	*tt*
2 号	1 号液 100ml + 蒸馏水 100ml	1/1 500	*tt*
3 号	2 号液 100ml + 蒸馏水 100ml	1/3 000	*tt*
4 号	3 号液 100ml + 蒸馏水 100ml	1/6 000	*tt*
5 号	4 号液 100ml + 蒸馏水 100ml	1/12 000	*tt*
6 号	5 号液 100ml + 蒸馏水 100ml	1/24 000	*tt*
7 号	6 号液 100ml + 蒸馏水 100ml	1/48 000	*Tt*
8 号	7 号液 100ml + 蒸馏水 100ml	1/96 000	*Tt*

续表

编号	配制方法	浓度/(mol/L)	基因型
9 号	8 号液 100ml + 蒸馏水 100ml	1/192 000	*Tt*
10 号	9 号液 100ml + 蒸馏水 100ml	1/380 000	*Tt*
11 号	10 号液 100ml+蒸馏水 100ml	1/750 000	*TT*
12 号	11 号液 100ml+蒸馏水 100ml	1/1 500 000	*TT*
13 号	12 号液 100ml+蒸馏水 100ml	1/3 000 000	*TT*
14 号	13 号液 100ml+蒸馏水 100ml	1/6 000 000	*TT*
15 号	蒸馏水		

2. 受试者戴上眼罩，先滴 5~10 滴最稀的 14 号溶液于受试者舌根，令其品尝苦味，5s 后，用 15 号蒸馏水做同样的试验，询问受试者能否鉴别此两种溶液的味道，如不能鉴别或鉴别不准，则用浓度高一级的 13 号溶液品尝，直至明确鉴别出苦味为止。如鉴别出苦味，则用同一浓度的 PTC 溶液重复试验 3 次，如 3 次结果相同，则可认定该浓度为受试者对 PTC 敏感的阈值。

【注意事项】

尝味时，应从浓度最稀的开始，依次增加浓度。

【实验报告与思考题】

1. 搜集大量的苯硫脲尝味能力资料，对观察结果进行分析和统计。

2. 根据 Hardy-Weinberg 平衡定律，可计算基因频率(p、q)和理论值基因型频率：

TT 的基因型频率：p^2

Tt 的基因型频率：$2pq$

tt 的基因型频率：q^2

3. 根据 χ^2 值和自由度(df=1)，查 P 值，如 $P>0.05$，则差异不显著，该群体为平衡群体；如 $P<0.05$，则差异显著，该群体为不平衡群体。

实验 11 果蝇性状的群体遗传分析

【实验目的】

1. 通过实验进一步理解 Hardy-Weinberg 定律的原理。

2. 以果蝇为模式生物，掌握群体基因与基因型频率的估算，以及了解选择对群体遗传平衡的影响。

【实验原理】

在群体中，当有 2 个等位基因(A 与 a)时，它们频率分别为 p、q，基因型频率 $D(AA)=p^2$、$H(Aa)=2pq$、$R(aa)=q^2$；$p+q=1$，$D+H+R=1$。若在一个充分大的孟德尔群体中，其个体间进行随机交配，如果没有选择、突变、迁移和遗传漂变发生，群体中各种基因型的比例逐代保持不变，基因的频率也逐代保持不变，这就是遗传平衡定律。这一平衡规律是在 1908 年由英国数学家 G.H.Hardy 和德国医生 W.Weinberg 分别独立发现，故又称为 Hardy-Weinberg 定律。根据这一定律，当有 2 个等位基因，而且群体达到平衡时，其 $D_0=D_1$、$H_0=H_1$、$R_0=R_1$、$p_0=p_1$、$q_0=q_1$。但是，当有选择、突变、迁移和遗传漂变的影响时，基因频率会发生变化，影响群体的遗传平衡。

果蝇控制不同性状的基因，所在的染色体有所不同，详见表 11-1。

表 11-1 果蝇中的一些突变性状及控制该性状的基因

突变型	基因符号	表现特征	基因所在染色体
白眼	w	复眼白色	X
棒眼	B	复眼条形	X
褐色眼	bw	小眼数少，复眼褐色	II
猩红眼	st	复眼猩红色	III
黑檀体	c	身体乌木色	III
黄体	y	身体浅橙黄色	X
焦毛	sn	刚毛卷曲烧焦状	X
黑体	b	颜色比黑檀体深	II
勺状翅	nub_2	翅小勺状	II
残翅	vg	翅退化，不能飞	II
翻翅	Cy	翅向上翻卷，纯合致死	II
短翅	M	翅膀短小，不超过身体	X

果蝇的长翅和残翅是一对相对性状，由位于第二对染色体上的基因$+/vg$决定，通过对果蝇群体的人工选择干涉，了解果蝇群体长翅和残翅基因频率与基因型频率的变化及其对群体遗传平衡的影响。

【实验仪器和药品】

1. 仪器

培养瓶、小镊子、麻醉瓶、毛笔、双目解剖镜、放大镜、棉花、小纸盒。

2. 药品

乙醚、丙酸、玉米粉、麦麸、糖、酵母粉、琼脂等。

【实验材料】

野生型长翅果蝇及突变型残翅果蝇，见图 11-1 和图 11-2。

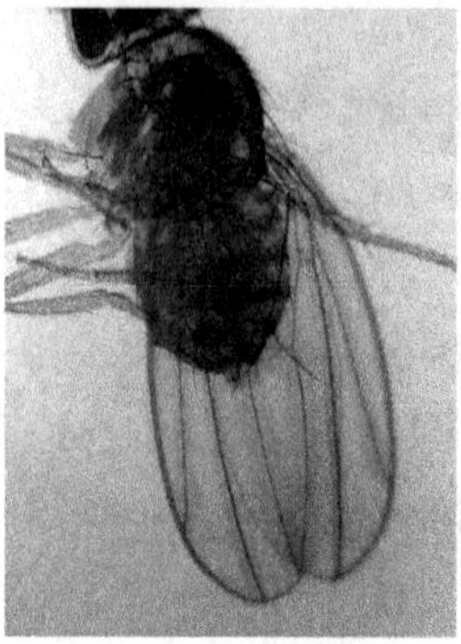

图 11-1　长翅果蝇

图 11-2　残翅果蝇

【实验方法与步骤】

1. 采用基因型纯合的长翅和残翅果蝇群体，分别各从 2 个群体中选取雌处女蝇(刚羽化出来不超过 8h 的成蝇)和雄蝇各 30 只，共同放入一个大的培养瓶内，放入 25℃培养箱内培养。计算该群体中长翅和残翅的基因频率，以及长翅和残翅的基因型频率。

2. 当发现培养瓶内有幼虫或蛹出现时，马上将亲本处死，以防发生回交。当 F_1 成蝇羽化出来后，观察其表型，统计 F_1 长翅和残翅果蝇的只数。

3. 把 F_1 群体中刚羽化出来的残翅个体全部处死。在一个新的培养瓶中分别放入 30 只长翅雌蝇和雄蝇继续培养(此时不需要选处女蝇)。培养至有 F_2 的幼虫或蛹出现时，处死亲本。统计 F_2 长翅和残翅果蝇的只数。

4. 处死 F_2 群体中出现的残翅个体，分别将 30 只长翅雌蝇和雄蝇移至一个新的培养瓶中继续培养。统计 F_3 中长翅和残翅果蝇的只数。

5. 分别计算不同群体中长翅和残翅果蝇的基因频率及基因型频率。

【注意事项】

1. 选择雌雄蝇进行交配时，注意麻醉的时间不能太久，否则会导致果蝇死亡(果蝇翅膀如果外展超过 45°，表明其已经死亡)，影响实验结果。

2. 麻醉后的果蝇移至新培养瓶时，应将瓶子平放，果蝇移放在无培养基的瓶壁，待其苏醒后，才可将瓶子直立，以免移放过程中被麻醉果蝇的头部陷入培养基，导致其室息死亡。

【实验报告与思考题】

1. 请分析比较 P、F_1、F_2 与 F_3 中果蝇长翅和残翅基因频率及基因型频率变化，说明选择对群体基因频率的影响。

2. 根据 Hardy-Weinberg 平衡定律，可计算 F_1 群体的实际基因频率(p、q)和理论值基因型频率，根据 χ^2 值和自由度(df)，查 P 值，来判定该群体是否达到遗传平衡。如 $P>0.05$，则差异不显著，该群体为平衡群体；如 $P<0.05$，则差异显著，该群体为不平衡群体。

3. 如果上述人工选择的实验继续至 F_5，果蝇中还有残翅基因存在吗？为什么？

第2部分　综合性实验

实验12　染色体制片技术与结构观察

实验12.1　染色体制片技术与染色体数目的观察

实验12.1.1　植 物 部 分

【实验目的】

掌握植物的染色体制片技术和染色体计数方法。

【实验原理】

每个物种细胞中的染色体数目是恒定的，通过观察染色体数目，可以为生物的遗传育种和遗传变异提供染色体数目变化方面的依据。只要是能够进行有丝分裂的分生组织，如植物的根尖、茎尖、愈伤组织、胚乳和萌发的花粉管等，经过预处理后，就可以使许多处于分裂的细胞滞留在中期。此时，染色体缢缩得最短，具有典型的形态特征，易于进行形态、结构和数目的分析研究(图12-1和图12-2)。

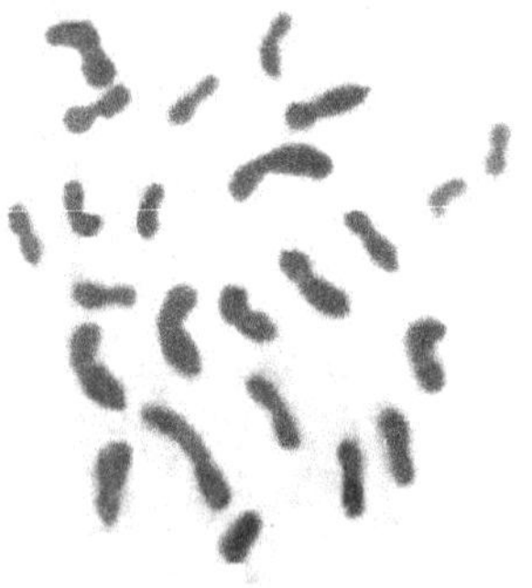

图12-1　格氏栲(*Castanopsis kawakamii*)染色体($2n$=24)

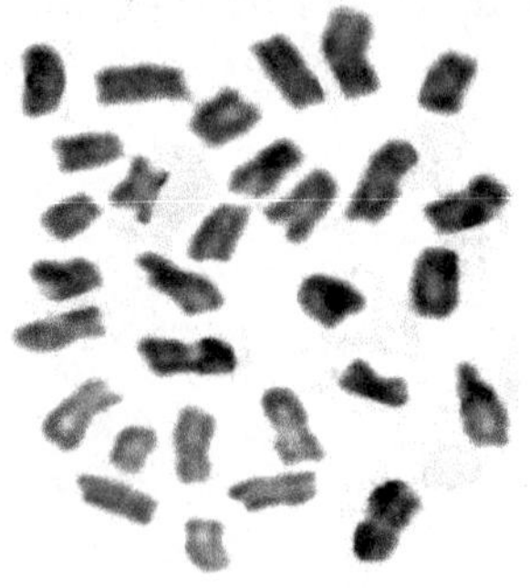

图12-2　白花南山茶(*Camellia semiserrata* var.*albiflora*)染色体($2n$=30)

【实验仪器和药品】

1. 仪器

显微镜、载玻片、盖玻片、培养皿、镊子、刀片、滴管、吸水纸。

2. 药品

0.2%秋水仙素溶液、卡诺固定液、70%乙醇、1mol/L 的 HCl 溶液、改良碱性品红溶液。

【实验材料】

二倍体水仙(*Narcissus pseudonarcissus*，$2n=2x=30$)或洋葱(*Aillum cepa*，$2n=2x=16$)或大蒜(*Allium sativum*，$2n=2x=16$)。

【实验方法与步骤】

1. 促根

将水仙或洋葱或大蒜的根盘浸入装有清水的小烧杯中，(25±2)℃培养3~4天，促其生根。

2. 预处理

待根长1~2cm时，转到装有0.2%的秋水仙素溶液的小烧杯中，处理4~8h，取材待用。低浓度、短时间的预处理的目的是抑制纺锤丝中微管蛋白的形成，并使染色体缢缩得更短，便于计数，而不是使植物根尖染色体加倍。

常用的预处理药品有以下几种。

(1) 秋水仙素：其抑制纺锤体微管组装的作用力很强，而且适用于各种不同生物和不同组织或器官的预处理。其有效浓度为 0.001%~2%，常用浓度为 0.05%~0.2%，处理染色体小的植物材料，可以采用低浓度；处理染色体大的植物材料，可以采用较高浓度。

配制时，在常温下将药品用去离子水或蒸馏水配成0.2%的浓度，装于棕色瓶，4℃冰箱中保存备用，使用时稀释成需要的浓度。

(2) 对二氯苯：是一种苯的衍生物，无色结晶，大块时为白色，具有特殊臭味；易溶于乙醇、乙醚、苯等有机溶剂，难溶于水，有毒。配制时采用饱和水溶液。称取5g结晶放入棕色瓶，加入100ml、40~45℃的温去离子水或蒸馏水，摇动振荡5min，静置1h就可以使用。

对二氯苯比秋水仙素价格低，适合于大小不同的染色体预处理，其不但对纺锤体微管组装有较好的抑制作用，而且还会对其他的微管蛋白和某些细胞器具有分解作用，因此，可以很好地改变细胞质黏滞度，使得染色体更容易分散。但是，其对细胞毒害作用较大，易导致染色体结构变异，如断裂、粘连等现象。

(3) 8-羟基喹啉：为白色结晶或粉末，溶于乙醇，难溶于水。8-羟基喹啉抑制纺锤体微管组装的作用比前两种药品缓和，但是其处理后所显示的染色体次缢痕及随体等结构比秋水仙素处理的更为清晰。该药品比较适合于处理具中小型染色体的材料。配制时需将所配制溶液置于60℃温箱中数小时，待其完全溶解后，室温储存备用。常用浓度0.002mol/L。

(4) α-溴萘：该品为苯酚衍生物，是一种无色或淡黄色液体；易溶于乙醇和苯，微溶于水。其作用比较缓和，适合于处理禾本科和高等水生生物的染色体。一般采用饱和液现配现用。配制时，在 100ml 去离子水或蒸馏水中加入 1 滴 α-溴萘，充分振摇，使其溶解。

(5) 混合药物处理

对二氯苯+α-溴萘混合液：100ml 对二氯苯饱和液中加入 1 滴 α-溴萘，充分振摇后静置，待溶液澄清后使用。该混合液作用迅速，可在短时间内使染色体缩短，适合于大染色体材料的处理。但是，其稳定性较差，使用 1 周后效力明显下降。此外，对材料毒害作用也较大，处理时间稍长，就会导致染色体粘连成团，严重时染色体液化。

秋水仙素+8-羟基喹啉混合液：一般采用 0.1%~0.2%秋水仙素与 0.002mol/L 8-羟基喹啉按照 1∶1 混合使用。配制时采用分别配制，使用时再混合，既可使染色体缢缩得较短，又可以使染色体次缢痕及随体清晰可见。该混合液适合于具有大、中、小染色体的材料，溶液作用力较稳定。

3. 固定

将切下的根尖，用卡诺固定液固定 4~24h，转入 70%乙醇中置于 4℃冰箱保存。固定的目的是利用化学药品将活细胞迅速杀死，并使构成染色体的核蛋白变性和沉淀，以保持细胞染色体的原有形态和结构。

4. 解离

取出保存的根尖，用水冲洗 2~3 次，切除伸长区和根毛区，将含有分生组织区的根尖移至 1mol/L 的 HCl 中解离 4~8min，根尖的大小不同，木质化程度不同，所需的解离时间也不同，一般解离至根尖变软即可。解离的目的是使细胞壁之间中层的果胶物质及部分细胞质分解，使得材料软化，细胞和染色体易于分散，便于压片。

5. 水洗

将根尖用蒸馏水浸洗 3 次，每次 2~4min，以便洗净残余酸。

6. 染色

把根尖沾附的水分用滤纸吸净，置于凹面玻片中滴加染色液染色 10~15min。

7. 压片镜检

将染色后的根尖置于玻片上，滴加 1 滴蒸馏水，盖上盖玻片，一手固定盖玻片，一手用镊子钝圆的头部轻轻敲打盖玻片，使细胞分散开，铺成薄薄一层，取一张滤纸盖在盖玻片上，压平并吸取多余染液，在显微镜下观察细胞的染色体数目。统计 30 个完整细胞的染色体数目，以确定所观察细胞染色体数。

【注意事项】

1. 非离体材料的预处理时间应比离体材料长些。

2. 固定时间不要超过 24h，否则会导致染色体不易分散。

3. 压片取材，应取根尖乳白色不透明部分，该部分为分生组织区。

4. 材料解离不能太久，否则染色体将被酸解；反之，如果解离时间不足，材料太硬，则细胞和染色体难以分散。

5. 解离液要清洗干净并吸干，否则影响染色效果。

6. 染色时间 10~15min 是个参考时间，应以实际染色效果判断。

7. 用镊子敲打时，用力要均匀，开始不要太重，以免细胞挤压在一起，但用力太轻不易将细胞中染色体压在同一平面上，故应适当控制敲打力度。

实验 12.1.2　动 物 部 分

【实验目的】

1. 掌握小白鼠骨髓细胞染色体制片技术。

2. 观察动物染色体的形态特征。

3. 统计小白鼠体细胞中染色体数目。

【实验原理】

染色体是生物遗传物质的载体。动物体细胞处于活跃更新的状态，由于动物骨髓细胞具有分裂能力强和数量大的特点，所以常选择骨髓细胞作为实验对象。处于分裂期的细胞经过秋水仙素处理，可阻断纺锤丝的形成，使细胞分裂停滞于中期，染色体在此时具有很典型的形态，易于观察。有丝分裂中期染色体适于进行计数和核型分析。

【实验仪器和药品】

1. 仪器

离心机、天平、水浴锅、显微镜、冰箱、手术刀、手术剪、镊子、试管架、解剖盘、注射器(1ml)、针头(6 号)、吸管、离心管、擦镜纸、吸水纸、烧杯、脱脂棉、酒精灯、量筒、培养皿、载玻片(用 75%乙醇浸泡，置于 4℃冰箱中至少 1h)。

2. 药品

0.9%NaCl、75%乙醇、秋水仙素(生理盐水配制，0.01%)、0.56% KCl、固定液(甲醇与冰醋酸 3∶1，新鲜配制 4℃保存备用)、PBS 液(0.067mol/L、pH 6.8)、二甲苯、香柏油、Giemsa 染液(Giemsa 粉 1g、甘油 33ml、甲醇 33ml，先把 Giemsa 粉放入研钵，加入少许甘油研磨至无颗粒为止，倒入剩余甘油混匀置于 60~65℃中保温 2h 后加入甲醇混匀，保存于棕色瓶中备用。用前以 Giemsa 原液与 PBS 液体积比为 1∶20 混合后使用)。

【实验材料】

2 月龄的健康小白鼠(*Mus musculus*)或牛蛙(*Pyxicephalus adspersus*)。

【实验方法与步骤】

骨髓细胞染色体观察与计数

1. 预处理

实验前 3~4h，按照动物 10~30μg/g 体重的剂量由腹腔注射秋水仙素，注意不要伤及内脏。

2. 取股骨

用一只手的拇指和食指按住小鼠的头部，另一只手拉住它的尾巴，用力向后拉断其颈椎处死，牛蛙去头处死。处死后，立即用手术剪剪开后腿上的皮毛，取出两根股骨(不能剪断)，将股骨上的肌肉去除干净(可用 75%乙醇棉球擦干净)。

3. 取骨髓细胞

将股骨两端剪去，将注射器装好生理盐水，用 6 号针头插入骨髓腔 1/2 处，用生理盐水反复冲洗直到骨髓腔变白为止，取下针头，反复吸打骨髓细胞，使细胞分散；将细胞悬液收集于离心管中，1000r/min 离心 8min，弃上清。

4. 低渗处理

将 37℃预热的 0.075mol/L KCl 5ml 加入细胞中，置于 37℃水浴中处理 15min。

5. 离心固定

加入 1ml 新配制的固定液反复吹打，将离心管放入离心机内，平衡后，以 1000r/min 离心 8min，弃上清；加入 5ml 新配制的固定液反复吹打，室温放置 30min，如前，1000r/min 离心 8min，弃上清；再次加入 5ml 新配制的固定液反复吹打，4℃放置 30min 以上，以 1000r/min 离心 8min，弃上清，留约 0.2ml，将沉淀轻轻吹起成细胞悬液。

6. 滴片

将预冷的玻片倾斜 45°，迅速用吸管吸取细胞悬液，从 30~50cm 高处向载玻片上滴 1~2 滴细胞悬液，把玻片放于酒精灯火焰上过几遍微微加热干燥。

7. 染色

将玻片平放，滴加 Giemsa 染液 1~2ml 染色 10min，将多余染液用自来水冲洗干净，用吸水纸吸干周围水分。

8. 镜检

将制备好的玻片至于显微镜下，先在低倍镜下寻找有中期分裂相的视野，再用高倍镜或滴加香柏油于油镜下仔细观察、计数或拍照。小鼠骨髓细胞核型见图 12-3。

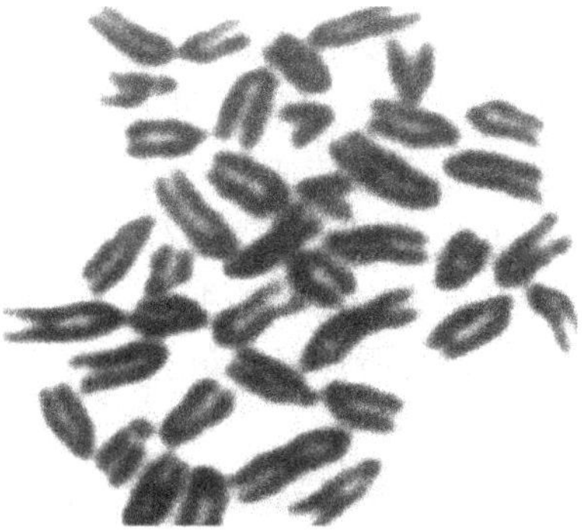

图 12-3　小白鼠骨髓细胞染色体(杨汉民，1997)

【注意事项】

1. 解剖过程中如果股骨断裂会导致骨髓细胞丢失或减少。
2. 在滴片时要注意高度的掌握，一般为 30~50cm。
3. 冲洗时不能用力过大。

【实验报告与思考题】

1. 记录观察到的染色体数目。
2. 总结失败的原因。
3. 秋水仙素在实验中的作用是什么？
4. 0.075mol/L KCl 的作用是什么？

实验 12.1.3　鱼　　类

【实验目的】

掌握鱼类染色体制片方法。

【实验原理】

研究鱼类染色体，对于研究鱼类的遗传、变异、分类、系统演化及杂交育种等都具有重大意义。但鱼类染色体一般都多而小，研究进展较为缓慢。20 世纪 50 年代以来，对人类染色体的研究在技术上有一系列的改进和创新；60 年代初，又建立了人类染色体的分类和命名的统一系统，从而极大地促进了对鱼类染色体的研究。1966 年，Ojima 等首先将低渗处理细胞和空气干燥法制片应用到鱼类染色体研究中，取得了良好的效果，第一个做了鱼的核型分析；随后，又相继建立了鱼的外周血培养、鳞上皮细胞培养、卵巢组织培养及鱼的肾细胞 PHA 法培养等以研究鱼类染色体为目的的体外细胞短期培养方法。体内注射 PHA 短期培养法和体细胞体外培养法是制备鱼类染色体标本常用的两种方法，前者方便快捷；后者分散清晰，且适用于大多数鱼。

鱼类没有骨髓，肾脏为鱼类主要的造血器官，其中含有大量的淋巴细胞，是简便易取的染色体标本的组织来源。淋巴细胞在植物血细胞凝集素(phytochemagglutinin，PHA)刺激下可转变为淋巴母细胞而进行有丝分裂，经合适浓度的秋水仙素处理，可使大量有丝分裂停止在中期，然后经过适度的低渗和固定处理，可获得大量处于有丝分裂中期相的细胞，经过滴片后，可得到大量中期相染色体，此染色体可用于核型分析，以及鱼类的遗传变异研究等。

【实验仪器和药品】

离心机、剪刀、镊子、注射器、移液器、吸管、离心管、加热板、植物血细胞凝集素、秋水仙素、KCl、卡诺固定液、载玻片、NaCl、10% Giemsa 液、磷酸缓冲液。

【实验材料】

黄鳝($2n=24$)或鲫鱼。

【实验方法与步骤】

1. 实验鳝鱼的预处理

按 10~20μg 体重腹腔注射 0.5~2mg/ml 的植物血细胞凝集素(PHA，用 0.75%NaCl 配制)，经 20h 后，按 100~200μg 体重腹腔注射 50~200μg/ml 的秋水仙素(用 0.75%NaCl 配制)。

2. 肾细胞的收集

约 2.5h 后，剪腮动脉或剪尾巴放血(一边游动一边放血)，取肾脏(注意：如果材料是鲫鱼，其肾脏紧贴腹腔背壁，呈紫红色)，放入干净的培养皿中，用剪刀剪碎，加入 8~14ml 预热的 0.0375mol/L KCl 溶液，吸打均匀，稍静置，将上部细胞悬液转入 2~4 个离心管中，每管 3~5ml。

3. 低渗和预固定

将盛有细胞悬液的离心管置 34~35℃水浴中 35min，每 10min 吸打 1 次，沿管壁缓慢加入 2ml −20℃预冷的卡诺固定液(3 体积乙醇+1 体积冰醋酸)，先将下部细胞悬液吸打均匀，再将整管液体吸打均匀，室温静置 20min，每 10min 吸打 1 次。

4. 固定

1000r/min 离心 5min，弃上清(留 0.5ml 管底残留液)，往管内加入 3.0ml −20℃预冷的卡诺固定液，吸打均匀，室温静置 15min，重复该步骤 1 次。

5. 滴片：1000r/min 离心 5min，弃上清，往沉淀中加入少许(0.5~1ml)新配制的 −20℃预冷的卡诺固定液，吸打均匀后，在冷而湿的载玻片上滴片并吹片(滴片高度为 30~35cm，滴面不要重复，立刻用嘴向同一方向吹)，然后置于预热金属板上干燥。

6. 染色与镜检

用 10% Giemsa 液(磷酸缓冲液配制)染色 10min，用自来水轻轻冲洗干净，自然干燥，镜检。

【注意事项】

1. PHA 体内注射法由林义浩于 1982 年首次提出，其快速简便，大大推动了鱼类染色体研究的发展，运用此法获得了很多鱼较清晰的分裂相。但是，在实验过程中，由于体内注射本身对鱼体是一种创伤，对于一些活力不强的鱼常因注射而死亡，研究也因实验鱼的死亡而无法继续，至于一些离水即死的鱼(如深海鱼类)更是不适宜用此法。

2. 秋水仙素的主要作用是抑制细胞分裂时纺锤体的形成，使细胞分裂停留在中期。倘若秋水仙素用量过大或处理时间过长，都会引起染色体的过度收缩，或着丝粒的迅速离裂，最终导致染色体破碎或解体。合理使用秋水仙素，关系到染色体制片的效果。因此，以每 100g 鱼体重用 150~200μg 剂量注射秋水仙素液，处理 2~4h 是可取的。想获得大量的中期分裂相，可采用 200μg 剂量处理 2h；或 150μg 剂量处理 3h，能获得染色体伸展和分散均比较理想的中期分裂相。

3. 低渗处理能使细胞膨大，染色体彼此易于分开。在操作过程中低渗这一关极为重要，低渗的比例、程度、时间皆与细胞数量相关，太甚，则细胞过早破裂，染色体丢失严重；不足，则染色体团在一起。低渗处理直接影响染色体分散之优劣。

【实验报告与思考题】

1. 绘出鳝鱼淋巴细胞中期染色体图。

2. 除了植物血细胞凝集素外，还有哪些试剂可以起到促进细胞分裂、增加有丝分裂相的效果？

实验 12.2　多倍体的人工诱变与染色体观察

实验 12.2.1　植 物 部 分

【实验目的】

1. 了解植物多倍体诱变的原理及意义。

2. 掌握鉴别植物多倍体的技术。

【实验原理】

自然界中各种生物的染色体数目一般是相对恒定的，这是物种的重要特征。遗传学上把含有一个完整染色体组的个体称为一倍体，含有两个染色体组的个体称为二倍体，含有两个以上染色体组的个体称为多倍体。生物体细胞所含有的染色体数通常用 $2n$ 表示，一个配子细胞或由一个配子产生的个体的染色体数用 n 表示。一个染色体组所含有的染色体数称为染色体基数，用 x 表示。因此，对于二倍体生物来说，其配子细胞的染色体数可以表示为 $n=x$。而对于多倍体生物，其配子细胞的染色体数则可能出现 $n \neq x$ 的现象。例如，浙江红山茶，$2n=30$，$x=15$，即 $n=x=15$，见图 12-4；小果油茶 $2n=60$，$x=15$，则 $n=2x=30$，见图 12-5。因此，通过对生物染色体计数，可以准确判定其倍性。

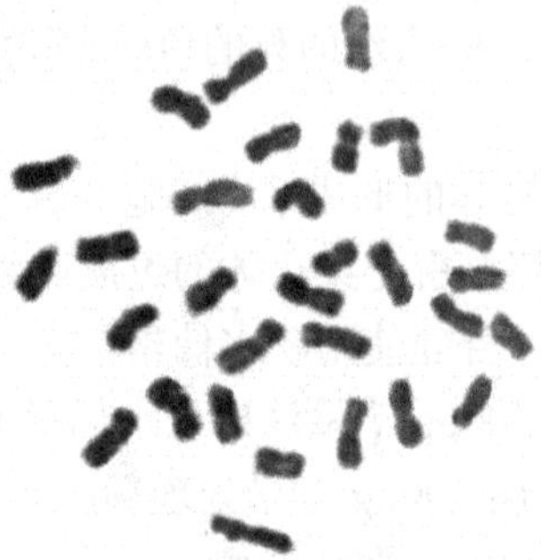

图 12-4 浙江红山茶 $2n=30$

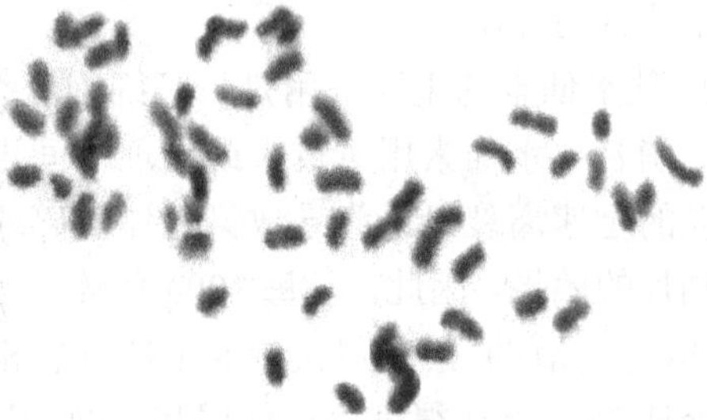

图 12-5 小果油茶 $2n=60$

在自然界中生物除了会自发突变形成多倍体外，还可采用化学和物理方法人工诱发形成多倍体。物理诱变的方法有高温处理、低温处理、射线辐射、嫁接等。化学诱变的方法有秋水仙素、异生长素、“富民农”处理等，其中以秋水仙素的诱变处理效果最佳、应用最广。

秋水仙素是在百合科植物秋水仙(*Colchicum autumnale*)的种子及器官中提取出来的一种生物碱。易溶于冷水、乙醇、氯仿和甲醛，但是在热水中溶解度较差。其具毒性，秋水仙素溶液的作用是抑制微管蛋白聚合，使细胞分裂时纺锤丝不能形成，导致染色体不能分向两极而被滞留在分裂中期，这样细胞就不能继续分裂，从而产生染色体数目加倍的核。如果染色体加倍的细胞在下一个细胞周期继续分裂，就会形成多倍性的组织，而由多倍性组织分化产生的性细胞，所产生的配子也是多倍性的。因此，可通过有性繁殖方法把多倍体繁殖下去。

植物中的多倍体植物较多见，用人工诱变的多倍体植物经过选择，通常可以获得较一般二倍体更优良的经济性状，如果实增大、抗逆性增强等。

多倍体生物的鉴定方法有以下两种。

(1) 染色体计数法：直接观察生物细胞的染色体数目。

(2) 间接观察法：通过观察植物个体的大小或观察植物叶片保卫细胞、气孔、果实和种子等形态特征来判断。如果是多倍体植物，其叶片保卫细胞、气孔、果实、种子明显变大，单位面积的气孔数目减少。

【实验仪器和药品】

1. 仪器

显微镜、载玻片、盖玻片、培养皿、镊子、刀片、滴管、吸水纸。

2. 试剂

2%秋水仙素溶液、卡诺固定液、70%乙醇、1mol/L 的 HCl 溶液、改良碱性品红溶液。

【实验材料】

二倍体水仙(*Narcissus pseudonarcissus*，$2n=2x=30$)、洋葱(*Aillum cepa*，$2n=2x=16$)的根，人工诱发的多倍体水仙、洋葱的根，或其他植物的二倍体与多倍体材料。

【实验方法与步骤】

1. 生根

剥去水仙或洋葱鳞茎外层的干鳞片，将鳞茎根盘浸入装有清水的小烧杯中，(25±2)℃培养 3~4 天，促其生根。

2. 预处理

待根长 1~2cm 时，转到装有 2%的秋水仙素溶液的小烧杯中，处理 48~72h，待根尖膨大时取材。对照用未加倍的二倍体根尖，即采用 0.2%的秋水仙素溶液处理离体根尖 4h，取材待用。

3. 固定

将切下的根尖，用卡诺固定液固定 4~24h，转入 70%乙醇中置于 4℃冰箱保存。

4. 解离

取出保存的二倍体与多倍体根尖，用水冲洗 2~3 次，移至 1mol/L 的 HCl 中解离 4~8min。根尖的大小不同，木质化程度不同，所需的解离时间也不同，一般解离至根尖变软即可。

5. 水洗

蒸馏水水洗根尖 3 次，去净余酸。

6. 染色、压片

用滤纸吸净根尖水分，加染色液染色 10~15min，按常规压片，镜检细胞染色体。对比二倍体与多倍体根尖细胞的染色体数目，确定染色体是否加倍。

【注意事项】

1. 一般膨大的根尖，染色体会出现加倍。但是由于根尖的有丝分裂是不同步的，所以同一张片子可能会观察到不同的细胞具有不同的染色体倍性。

2. 秋水仙素具有毒性，如果不小心溅到眼睛，会导致暂时性失明，要马上用冷水冲洗。

【实验报告与思考题】

1. 绘制多倍体和二倍体洋葱(或水仙)中期染色体的图像。

2. 简述诱变多倍体和染色体压片各步骤及其注意事项。

3. 秋水仙素诱变多倍体的原理是什么？
4. 使用秋水仙素诱变多倍体时，应该注意哪些问题？
5. 多倍体鉴定的方法有哪些？

实验 12.2.2 动 物 部 分

【实验目的】

1. 了解水生生物多倍体诱变的原理及其意义。
2. 掌握鉴别水生生物多倍体的技术。

【实验原理】

鱼类成熟卵的细胞分裂停止在第二次成熟分裂的中期，存在着两组染色体。这时具有一组染色体的精子进入卵中(受精)之后，刺激卵进行分裂，卵中原有的两组染色体中的一组作为第二极体排出卵外，留在卵内的一组染色体和精子带入的一组染色体结合，则受精卵成为正常的二倍体开始发育。

在精子进入卵内而第二极体尚未排出之时，对受精卵进行高温(热激)、低温(冷激)、高压(静水压)或化学药物等处理，阻止第二极体排出卵外，则诱导产生出具有三组染色体的个体，称之为三倍体。

贝类的成熟卵处于第一极体排出之前状态的第一次成熟分裂中期，所以在受精后抑制其第一极体或第二极体的排放均可得到三倍体，分别称之为第一极体阻止型三倍体和第二极体阻止型三倍体。成熟分裂的阻止，是通过抑制纺锤丝而使染色体分离停止，或是通过阻碍细胞表层收缩环沟的形成而使细胞质分裂停止来实现的。温度、压力和咖啡因处理都属于前者，而细胞松弛素 B 处理属于后者。

上述处理方法的技术关键是处理时的水温、受精后至开始处理的时间、处理强度(热激和冷激温度的高低、压力的大小或药物的浓度)和处理持续时间 4 个因素。三倍体为非偶数染色体组，故阻碍了生殖细胞正常的成熟分裂，结果造成其性腺多不能发育。

研究和培育水产生物的三倍体，主要是为了利用其不育的特性。不育的三倍体经济鱼、贝类因没有性成熟阶段性腺发育之能量损耗，故主要有以下优点：避免了性腺发育阶段和产卵季节鱼、贝肉的质量下降，延长了上市时间；避免了性腺发育时生长停滞和死亡率增加的现象，缩短了养殖周期，减少了养殖成本，并可养成大型个体。多倍体鱼类的红细胞比二倍体的红细胞要大得多，而且在体重、体长、嘴裂阔度、适应性、抗病性等性状上也与二倍体的鱼类存在较大差异。三倍体贝的平均壳高、总重、软体重均大于二倍体贝。

染色体计数是鉴定鱼、贝类多倍体的最准确方法。鲤鱼二倍体与四倍体的染色体见图12-6和图12-7，二倍体与多倍体皱纹盘鲍的染色体见图12-8和图12-9。胚胎卵裂期和原肠期均可用于染色体制片，成鱼组织的再生鳍或淋巴细胞培养的染色体标本也可用于成鱼的染色体倍数鉴定。

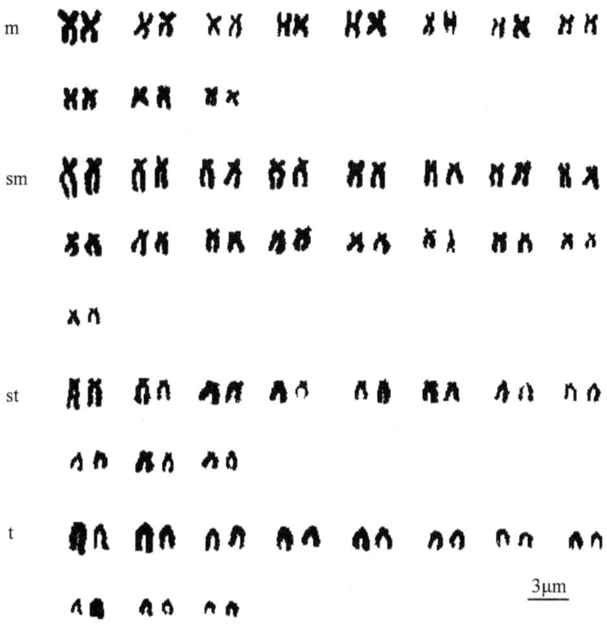

图 12-6　鲤鱼二倍体染色体

图 12-7　鲤鱼四倍体染色体

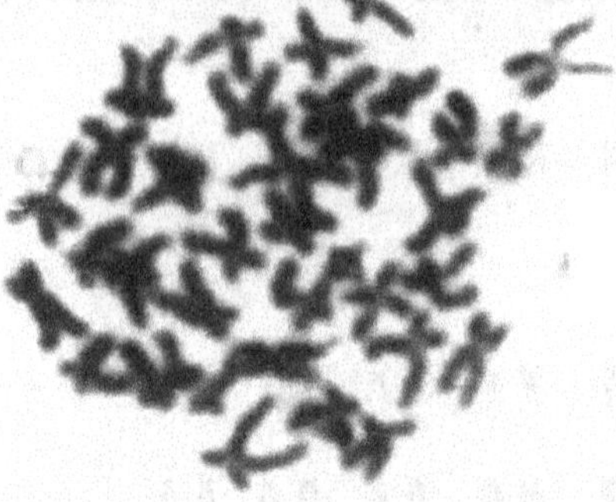

图 12-8　皱纹盘鲍二倍体

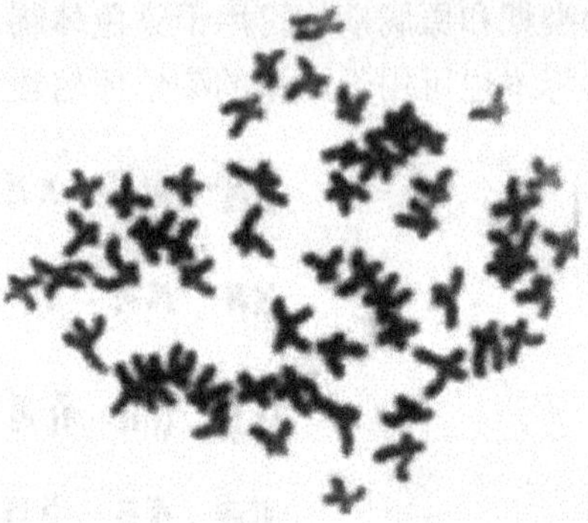

图 12-9　皱纹盘鲍三倍体

【实验仪器和药品】

1. 仪器

离心机、恒温培养箱、显微镜、载玻片、盖玻片、培养皿、镊子、刀片、滴管、吸水纸。

2. 药品

不同浓度的 PHA 和细胞松弛素 B 溶液、秋水仙素、卡诺固定液(甲醇：冰醋酸= 3：1，体积比)、10%Giemsa 染液、0.075mmol/L KCl 溶液、50%的冰醋酸溶液。

【实验材料】

二倍体与三倍体鲤鱼，或者二倍体与多倍体皱纹盘鲍。

【实验方法与步骤】

A. 鱼类

1. 诱变多倍体。鲤鱼卵在受精后 6min 热激，用 40℃或 41℃处理 1.5~2min。

2. 挑取健康鲤鱼数尾，体长为(15±2)cm，每尾鱼从胸腔按照 10~15μg/g 体重注射植物血细胞凝集素(PHA)，注射后置于 20℃水体中培养 24h。

3. 按 10g/g 体重注射秋水仙素，4h 后将鱼杀死取其前肾，取头肾组织于 0.7%生理盐水中剪碎，弃去组织碎块，吸取细胞悬浮液，在 1500r/min 下离心 5min，弃上清液，收集细胞。

4. 用 0.075mol/L KCl 溶液低渗处理 30min，再用新配制的卡诺固定液固定 3 次(固定时间依次为 10min、15min、20min)，将细胞制成悬浮液。

5. 采用冷片法滴片，室温干燥，10%Giemsa 染液染色 30min。

6. 在显微镜下观察细胞染色体，并计数。

B. 贝类

1. 诱变多倍体。

(1) 低温法：皱纹盘鲍卵受精后 12min，在 3℃水温下浸泡受精卵 15min，可获得抑制第一极体释放后形成的三倍体。

(2) 高温法：皱纹盘鲍卵受精后 7min，用 35℃的高温水浸泡 3min。

(3) 细胞松弛素 B 诱导法：皱纹盘鲍受精卵在 20℃水温下采用 1~2mg/L 的细胞松弛素 B 浸泡处理 30min 后，用 0.01%的二甲基亚砜溶液洗涤 30min。该方法是目前海产贝类多倍体培育最常用的方法之一，其诱导率较高。其缺点是药物价格昂贵，有致癌性。细胞松弛素 B 的适宜温度与水温有关。

此外，还可用 6-甲基氨基嘌呤、咖啡因等药物浸泡受精卵，也可获得多倍体。

2. 挑选壳长(10±4)cm 的皱纹盘鲍，按 8μg/g 体重，注射量为 0.01~0.02ml/g 体重的剂量将 PHA 注射到幼鲍的肌肉内，再将鲍放回 16~18℃水温的水槽中暂养 l8~20h，然后以相同剂量进行第二次注射。

3. 再将鲍放回水槽中暂养 1.5~2h 后，注射浓度为 2g/L 的秋水仙素，剂量为 0.002~0.004ml/g 体重，处理 3~6h。

4. 取出皱纹盘鲍的鳃、外套膜或上足触手，分别放在装有 0.075mol/L KCl 的试管中进行低渗处理。

5. 弃去低渗液加入 2~3ml 卡诺固定液固定 15min，弃去固定液再加入新的卡诺固定液，如此反复 4 次。

6. 将固定后的材料放入冰箱冷冻室(−18℃)，保存 12h。

7. 制片时取出已经固定的鳃、外套膜或上足触手，分别放在小烧杯中，加入 1~2 滴 50%的冰醋酸溶液，用剪刀将组织剪成细胞悬浮液。

8. 滴入新的卡诺固定液 5~10 滴进行冷滴片，室温干燥，用 10%的 Giemsa 染液扣染 2h 以上，再用蒸馏水冲洗，自然干燥后即可镜检。

【注意事项】

1. 增加注射 PHA 的次数，可以获得较多分裂相。

2. 鳃组织的细胞分裂相最多，其次是外套膜、上足触手。

3. 外套膜和上足触手不仅取材非常方便，而且对鲍的继续存活没有影响。

【实验报告与思考题】

1. 观察和计数多倍体及二倍体鲤鱼(或皱纹盘鲍)中期染色体数目。

2. 贝类的活体染色体倍性鉴定可以采用哪些材料？

实验 12.3 细胞核仁和染色体的银染技术

实验 12.3.1 植 物 部 分

【实验目的】

掌握植物核仁组织区(nucleolar organizer region，NOR)和染色体不同结构的银染技术，了解这项技术的原理及重要意义。

【实验原理】

通过硝酸银等混合液对细胞核仁组织区进行染色的技术，可使核仁组织区(NOR)特异地染为黑色，见图 12-10。银染技术在人及动物染色体的研究中已广为应用，而在植物染色体研究中报道得较少。研究结果表明：在多数植物中银染 NOR 的特异性和可重复性比其他染色方法强，定位、定性更准确。植物 NOR 的数目和位置的差异，对那些染色体数目相同、形态相似的植物来说，是一个重要的细胞学特征。而有些植物则存在 NOR 的杂合性和多态现象。例如，洋葱、葱及其种间杂种珠芽洋葱(*Allium cepa* var. *viviparum*)的 Ag-NOR 的大小、数目和位置会呈现变异现象，用 NOR 的显、隐性机制或 NOR 区段互换等机制都难以解释。采用分子原位杂交技术对上述植物进行研究，所得结果和银染的结果仍然一致。据此，有人提出了所谓“NOR 流动学说”，认为可能 NOR 会在这类植物染色体端部的异染色质之间跳动。这种跳动转位现象，具有功能上的和进化上的意义。

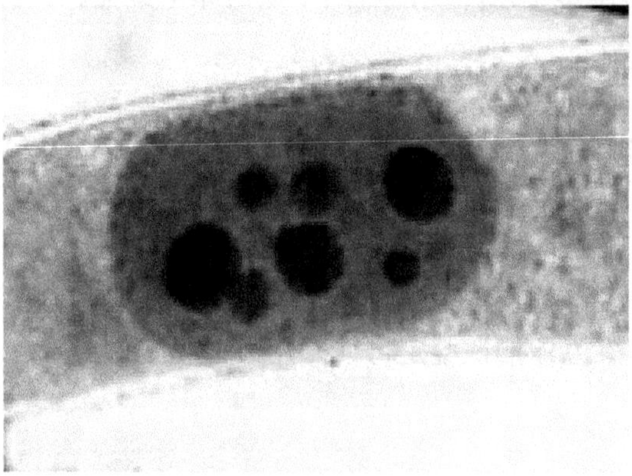

图 12-10 马尾松根尖细胞核仁银染图

此外，在对小麦、黑麦、小黑麦及小麦-黑麦附加系和替换系染色体进行的 Ag-NOR 研究中，发现只要有小麦染色体的 NOR 存在，黑麦 1R 上的 NOR 都将受到抑制，银染为负反应。但是，在其他种间杂种中不表现出这种亲本 NOR 的显、隐性现象。这种现象与杂交种的哪些表型相关，以及与稳定性是否有某种相关性还有待进一步研究。

通过银染研究洋葱根尖细胞的核仁周期表明，在早末期的染色体臂上，先出现细小的银染颗粒，即前核仁体，此时标志核仁形成的开始。末期，核仁在 NOR 继续发育，聚积核仁物质。晚末期，核仁明显增大，但在核中仍存在分散的前核仁体。只有形成两个子细胞时，前核仁体才会完全消失。此时，表明核仁发育成熟。但是在低氧条件下，中期的持续时间会延长，在后期就会观察到前核仁体的出现，并在 NOR 发育成核仁。这种核仁形成时间上的差异，可能与低氧改变了植物正常生理代谢活动有关。可见，核仁物质在分裂前期解体后，是分布或包埋在染色体中，而不是分散至细胞质中，到末期开始时，在染色体上出现前核仁体，并由 NOR 重新组织成新核仁。

因此，在植物中这种方法常被用于物种进化、亲缘关系、分类学地位及性状或基因表达、理化因子损伤等的研究。

【实验仪器和药品】

显微镜、恒温水浴锅、培养皿(25cm)、载玻片、盖玻片、试剂瓶、镊子、吸管、竹签等。

药品如下。

1. 50%硝酸银溶液

5g 硝酸银(AR)溶解在 10ml 蒸馏水中，过滤后保存在用铝箔包裹的玻璃容器内，可稳定地保存 1 年，使用时按照所需浓度稀释。

2. AS 溶液

2g 硝酸银溶解在 5ml 去离子水中，加 5ml NH_4OH，充分摇匀后使用。

3. 3%中性福尔马林

量取 37%~40%甲醛溶液 3ml，用去离子水或蒸馏水定容至 100ml。

4. 明胶显影液

称取 2g 明胶(gelatin)粉末溶解于 99ml 蒸馏水中，加 1ml 甲酸(methanoic acid，AR)。

5. 0.067mol/L 磷酸盐缓冲液(pH 6.8)、1%Giemsa 磷酸盐缓冲液。

6. 1mol/L HCl、45%冰醋酸、0.001%亚甲基蓝溶液、0.01%$KMnO_4$。

7. 2×SSC 溶液、10%福尔马林和 1%对苯二酚溶液、4%纤维素酶和 1%果胶酶。

【实验材料】

洋葱或其他植物细胞染色体制片。

【实验方法与步骤】

1. 植物 NOR 染色法

(1) Ag-AS 染色法

1) 洋葱根尖用 0.02%秋水仙素溶液预处理 4~5h。

2) 预处理后的根尖用卡诺固定液固定 1h。

3) 根尖水洗后用 0.1mol/L HCl 于 60℃解离 3~6min，或在 1mol/L HCl 中于室温下解离 4~7min。

4) 水洗后用 45%冰醋酸压片，冰冻脱盖玻片后空气干燥 1h。

5) 加 4 滴 50%$AgNO_3$ 溶液，加盖玻片后置湿培养皿中于 65~70℃温育 15~20min。

6) 水洗后，气干 1~4h 加 4 滴 AS 溶液和 4 滴 3%福尔马林，混匀，加盖玻片镜检，至 NOR 显示黑色。

7) 水洗后可用 1%Giemsa 染液(pH 6.8)复染。

8) 水洗后用滤纸吸干水分，镜检，观察。

(2) HAA-Ag-I 染色法

1) 根尖预处理如上。

2) 在乙醇-冰醋酸(3∶2)中于 4℃固定 2h 或过夜。

3) 在 1mol/L 盐酸-乙醇-冰醋酸(5∶3∶2)溶液中于室温下解离 6~10min，或在 60℃解离 4~5min。

4) 水洗后用 45%冰醋酸压片。

5) 冰冻脱盖玻片，于 95%乙醇中洗 1~2min。

6) 37℃温箱中干燥 2~4h，或在室温下干燥过夜。

7) 在干燥制片上滴加 1 滴 1%明胶溶液和 2 滴 50%$AgNO_3$ 溶液，混匀，加盖玻片，在室温下染色约 5min。

8) 转入铺有湿滤纸的培养皿中，置约 60℃恒温水浴锅或温箱中染色 5~10min，待溶液呈金黄色或棕黄色。

9) 镜检，至 NOR 呈黑色或棕黄色，染色体呈浅黄色为宜。

10) 用水洗净染色液，用 0.001%亚甲基蓝溶液复染 30~60s。

11) 水洗，镜检观察。

染色结果：细胞质为黄色，核和染色体为浅绿色，NOR 和核仁为黑色或深棕色。

(3) 整体染色法(该方法可以用以研究核仁结构和核仁周期)

1) 切取洋葱根尖浸入 0.01%$KMnO_4$ 溶液中 5min。

2) 用蒸馏水洗 10min，在 10%福尔马林和 1%对苯二酚溶液中(1∶1 配制 2 天后使用)于室温下固定 6h。

3) 蒸馏水换水洗 30~45min，转入 2%$AgNO_3$ 溶液中于 70℃黑暗温育约 36h。

4) 蒸馏水换水洗 30~45min，用乙醇-冰醋酸(3∶2)固定液处理 1~2h。

5) 蒸馏水洗几次，用 50%乙酸软化，压片，镜检观察。

2. NOR 和着丝粒的染色法

(1) 经预处理后的洋葱根尖用卡诺固定液于 5℃固定 1h。

(2) 经各级乙醇复水，根尖置载玻片上，加 2~3 滴新配制的 4%纤维素酶和 1%果胶酶(1：1)混合液(用稀 HCl 调 pH 3.9~4.1)，于 37℃温育 50~60min。

(3) 水洗后重新固定约 1min，压碎分散和火焰干燥制片。

(4) 空气干燥 1 天，在 0.2mol/L HCl 中于室温下处理 1~2h，水洗 3 次共 15min。

(5) 空气干燥 1 天，加 2~3 滴 50%$AgNO_3$溶液于 50℃温育 1~6h，水洗、干燥、封片。

【注意事项】

1. 新的细胞制片比片龄久的制片银染效果好。

2. 在植物 NOR 的 Ag-AS 染色法中，固定时间不宜太长。盐酸处理要谨慎，处理过度处理会导致着丝粒染色。

3. 在 HAA-Ag-I 染色法中，如果背景或染色体染色深黄，则可减少明胶的用量，但染色时间会随之延长。如不加明胶溶液，则需在 50~60℃温箱中染色 4h 或过夜。此外，片龄超过两天，染色困难，此时可采取以下两种处理方法：用 0.2mol/L HCl 于室温下处理约 30min，水洗后晾干；或用 0.07mol/L NaOH 溶液 6ml 加 2×SSC 溶液 44ml 的混合液处理 1~5min，水洗后晾干，再行银染。

4. 在 NOR 和着丝粒的染色法中，如果延长固定时间和空气干燥时间，不利于着丝粒的染色。

5. 明胶不要滴加太多，否则制片的背景变得很黄，影响摄影效果。

【实验报告与思考题】

1. 统计 50 个细胞的 Ag-NOR，计算 Ag-NOR 个/细胞。

2. 观察比较洋葱根尖间期细胞的 NOR 和染色体上的 NOR，并绘制成图。

3. 试述 Ag-NOR 在植物学研究中的意义。

实验 12.3.2　动 物 部 分

【实验目的】

掌握人类和动物细胞核仁组织区(nucleolar organizer region，NOR)和染色体不同结构的银染技术，了解这项技术的原理及重要意义。

【实验原理】

通过硝酸银等混合液对细胞核仁组织区进行染色的技术，可使核仁组织区(NOR)特异地染为黑色，将人和哺乳动物染色体的染色结果与 Hsu 等用分子原位杂交所得结果对照，证明银染区就是 18S 和 28S RNA 基因的分布区，即核仁组织区(NOR)，从此，便开创了对染色体组中 NOR 进行定位和定性研究的细胞学新技术，即 Ag-NOR 染色技术。许多研究者的工作表明，银染的不是核糖体基因本身，而是与 rDNA 转录有关的一种酸性蛋白，即酸性磷酸蛋白 C_{23}。在细胞周期的银染研究中，研究者们发现间期的 G_2 期和有丝分裂的早前期 rDNA 的转录活性强，银染区的强度也高于中、后期的 Ag-NOR。当用由 rRNA 合成的不可逆抑制剂——低浓度放线菌素 D 处理细胞，与对照比较，银染物明显减少；而采用可逆的 rRNA 合成的抑制剂——苯并咪唑(MPB)处理细胞，则抑制核仁的银染色。除去 MPB 之后，核仁的银染便很快得以恢复。综上所述，银染是与 rRNA 的合成活动密切相关的，银染物的多少或强弱，是与 rDNA 的转录活性成正相关的。因此，银染的是有转录活性的 NOR，一般 NOR 位于次缢痕的位置。

不同物种 Ag-NOR 的位置和数目均不同，家畜、家禽等动物同一种的不同品种 Ag-NOR 出现的频率亦存在多态性。因此，这种方法常被用于物种进化、亲缘关系，以及肿瘤、理化因子损伤等的研究。

【实验仪器和药品】

显微镜、恒温水浴锅、培养皿(25cm)、载玻片、盖玻片、试剂瓶、镊子、吸管、竹签等。

药品如下。

1. 50%硝酸银溶液

5g 硝酸银(AR)溶解在 10ml 蒸馏水中，过滤后保存在用铝箔包裹的玻璃容器内，可稳定地保存 1 年。

2. 明胶显影液

称取 2g 明胶(gelatin)粉末溶解于 99ml 蒸馏水中，加 1ml 甲酸。

3. 0.067mol/L 磷酸盐缓冲液(pH 6.8)

4. 2% Giemsa 磷酸盐缓冲液

【实验材料】

人或其他动物的细胞染色体制片。

【实验方法与步骤】

1. 在培养皿底部放一张用蒸馏水润湿的滤纸，上放两根竹签(或细玻棒)，置水浴锅内保温至 60~65℃。

2. 玻片标本细胞面朝上平放其上，加 4 滴 50%硝酸银溶液和 1~2 滴明胶显影液，盖上盖玻片，当玻片标本呈现褐色即可以终止反应，一般为 3~4min。

3. 移去盖玻片，用蒸馏水快速漂洗数次，晾干。

4. 将银染的玻片标本，用 2%Giemsa 磷酸盐缓冲液(pH 6.8)复染 1~3min，以便观察和摄影。

5. 显微镜观察、分析。在显微镜下可见染色体被染成金黄色，核仁组织区(NOR)被染为棕黑色。

【注意事项】

1. 新的细胞制片比片龄久的制片的银染效果好。
2. 银染时间太久，会导致整条染色体均被染色，NOR 染色变得不明显。
3. 银染时间不足会导致 NOR 染色不明显。
4. 明胶不要滴加太多，否则制片的背景变得很黄，影响摄影效果。
5. 漂洗玻片时动作要轻柔，否则会使细胞脱离制片。

【实验报告与思考题】

1. 统计 50 个细胞的 Ag-NOR，计算 Ag-NOR 个/细胞。
2. 绘制一个细胞的中期分裂相图，标注出 Ag-NOR 的位置。
3. 核仁银染物的多少与 rDNA 的合成活动有什么关系？
4. 如果恶性肿瘤中 NOR 的染色强度强，其预后将会怎样？

实验 12.4　染色体分带技术

实验 12.4.1　植 物 材 料

【实验目的】

1. 掌握植物染色体 C 带显带技术，学会观察及分析 C 带的核型。
2. 鉴别染色体组和染色体结构，了解染色体异常的特点。

【实验原理】

染色体分带是 20 世纪 60 年代后期发展起来的一项细胞学技术，对分裂中期染色体，用胰酶、碱或其他盐溶液处理后，用不同的染液染色，在显微镜下可见深浅相间或明暗相间排列的条纹。各种生物染色体的带型相对稳定，具有种的特异性，可作为鉴别染色体的依据。分带技术被广泛应用于植物、动物和人类染色体的研究中。

根据染料的不同，将植物染色体显带技术分为荧光显带和 Giemsa 显带。荧光显带使用的染料为芥子喹吖因、喹吖因等，Giemsa 显带使用的染料是 Giemsa。植物中染色体显带技术最常见的 Giemsa 分带技术。通过改变 Giemsa 分带处理程序，可产生不同带型，以 C 带和 N 带较常见。Giemsa 分带技术操作简便，条纹清晰，标本可长期保存，因此使用范围广泛。

C 带显示的是组成异染色质带，主要显示着丝粒、端粒、核仁组织区或染色体臂上某些组成异染色质，其产生的带型，又称为着丝粒带、端粒带、核仁组成区带、中间带。C 带形成原理是高度重复的异染色质经酸碱处理变性，再在盐溶液中复性，异染色质较常染色质复性快，染色深，常染色质染色浅，因此在染色体上形成深浅不一的带纹。

N 带显示的是核仁组织区带，显示核仁组织区的异染色质，在植物染色体中可显示着丝粒和染色体臂上的特殊区域。

本实验主要介绍 C 分带技术。C 分带的方法有 BSG (Barium-Saline-Giemsa) 和 HSG(Hydrochloride-Saline-Giemsa)。本实验以 BSG 方法显示 C 带。其原理是染色体经 $Ba(OH)_2$ 变性处理，然后在 2×SSC 溶液中复性，利用常染色质与异染色质复性的快慢与 Giemsa 染色的深浅形成不同的带纹。

【实验仪器和药品】

1. 仪器

显微镜、恒温水浴箱、容量瓶、烧杯、培养皿、染色缸、载玻片、盖玻片、剪刀、镊子、标签、滤纸。

2. 药品

8-羟基喹啉、无水乙醇、冰醋酸、盐酸、氯化钠、柠檬酸钠、氢氧化钡、磷酸氢二钠、磷酸二氢钾、Giemsa 染料、甘油、甲醇、果胶酶、纤维素酶。

3. 试剂

(1) 0.002mol/L 8-羟基喹啉：称取 0.29032g 8-羟基喹啉置 1000ml 蒸馏水中。8-羟基喹啉难溶于水，配制时需将溶液置于 60℃左右的温箱中溶解，完全溶解后，冷却至室温储存备用。

(2) 2.5%纤维素-果胶酶：纤维素酶和果胶酶各 1g，混合后加蒸馏水 40ml，溶解后过滤，并用 1mol/L HCl 和 1mol/L NaOH 调整 pH 至 5~5.5，倒入棕色瓶置冰箱保存。

(3) 5% $Ba(OH)_2$ 溶液：$Ba(OH)_2$ 5g 溶于 100ml 蒸馏水中，过滤(用前配)。

(4) 2×SSC 溶液：NaCl 17.54g、柠檬酸钠 8.82g，用蒸馏水定容至 1000ml (pH 7.0)。

(5) pH 6.8 磷酸缓冲液：

1) 1/15mol/L KH_2PO_4：称 KH_2PO_4 4.559g 加蒸馏水定容 500ml。

2) 1/15mol/L Na_2HPO_4：称 Na_2HPO_4 4.735g 加蒸馏水定容 500ml。

将 51ml A 液和 49ml B 液混合。

(6) Giemsa 染色液：1 ∶ 10 Giemsa 染色液(用 pH 6.8 的磷酸缓冲液稀释 Giemsa 原液)。

【实验材料】

洋葱、蚕豆或其他植物根尖。

【实验方法与步骤】

1. 染色体标本制备

(1) 取材和材料预处理：上午 9:00~11:00，取 0.5~1cm 洋葱或蚕豆根尖(一般以 0.5cm 为佳，不宜过长，过长对酶解操作不利)放入装有 0.002mol/L 8-羟基喹啉溶液的青霉素瓶中，20℃中处理 1.5~2h。处理后用双蒸水冲洗多次，直至洗去所有药液。

(2) 固定：将预处理后的洋葱或蚕豆根尖放入卡诺固定液(甲醇∶冰醋酸=3∶1，现用现配)中 0.5~1h(或转换至 70%乙醇中，冰箱保存)。

(3) 酶解：将固定后的洋葱或蚕豆根尖放入 2.5%的纤维素果胶酶中，25℃室温下酶解 2~2.5h，时间随温度条件、酶活性等长短不一，以观察到根尖伸长区呈透明状时，酶解基本合适(酶解时间长短以预实验长短为准)。

(4) 低渗：用吸管小心吸去酶液，用蒸馏水冲洗 3~5 次后，在蒸馏水中低渗 10~20min。低渗时间视酶解程度而定，如果酶解充分，低渗时间应稍短，防止细胞胀裂、染色体丢失而无法得到理想结果；如果酶解时间不足，则低渗时间适当延长，避免染色体堆积。

(5) 固定：吸去蒸馏水，加入固定液第二次固定，时间 20min 左右。

(6) 滴片：取一张预冷的载玻片(将载玻片放入固定液中置于冰箱中)，滴上一滴固定液，用镊子取 1~2 个根尖于载玻片上，迅速将根尖夹碎，剔去大块组织，将载玻片微抬，向载玻片吹气，使材料快速铺展，均匀分布；将玻片放在酒精灯上微烤，使染色体稍老化(或放入 37℃烤箱中烤片 2~3h)。

在有染色体的一面用记号笔于载玻片右上角做上记号(或在载玻片右侧贴上标签)，完成植物染色体标本的制备。

2. 染色体 C 带标本制备

(1) 变性：将染色体标本放入盛有 5% $Ba(OH)_2$(新配制)的染色缸中，室温下放置 10~20min(视室温条件而定)。将染色缸一同移到自来水龙头下，逐步置换染色缸中的 $Ba(OH)_2$ 溶液[不能直接倒 $Ba(OH)_2$ 溶液再加水，防止形成 $BaCO_3$ 膜，使染色体无法正常分带]，再用蒸馏水换洗 3~4 次，每次时间 2~3min。

(2) 复性：取出染色体标本，干燥后放入 60℃的 2×SSC 溶液中温育 30~40min，用蒸馏水换洗 3~4 次(动作不宜过大，以免染色体丢失)。

(3) 染色：用 Giemsa 染色液染色 10min 左右，蒸馏水冲洗，空气干燥(镜检染色效果，如果过浅，增加染色时间；如果过深，蒸馏水冲洗时间增长)。

(4) 镜检：在低倍镜下寻找染色体分散较好的视野，换高倍镜观察。

(5) 显微摄影：将分散清楚的图像拍摄下来，注意植物染色体 C 带特点和鉴别要点，进行核型分析。

【注意事项】

1. 制备植物染色体标本时酶解和低渗的时间控制。

2. 制备染色体 C 带标本时，每一步操作动作不宜太久，防止染色体丢失。

【实验报告与思考题】

1. 交 C 带染色体标本一片。

2. 镜下观察并绘出 C 带染色体核型。

实验 12.4.2　动 物 部 分

【实验目的】

1. 掌握动物染色体 C 带显带技术的原理和方法，掌握动物细胞染色体标本制备的基本过程和显带技术。

2. 掌握动物染色体显微摄影技术及组型分析技术。

【实验原理】

染色体显带技术是借助特殊的染料及染色程序，使染色体的一定部位呈现深浅不同的带纹，可用来鉴别染色体组、单个染色体及认识染色体的结构，在临床上可以检查染色体异常，具有极为重要的意义。

染色体显带技术由瑞典科学家 Caspersson 等于 1968 年创立，1971 年 Pardue 等引入了 Giemsa 染色技术。其后，人们使用不同方法和不同染料处理染色体标本，可使染色体出现明暗相间或者深浅相间的带纹。根据染色方法的不同可以分为 Q、G、C、R、N、T 等几种类型的带。

C 带技术借助特殊的处理程序，显示着丝粒处及其他部位的结构异染色质。用强碱溶液加热处理染色体标本使 DNA 变性后，再以温热的盐溶液处理使其复性时，由高度重复 DNA 序列组成的异染色质区域的 DNA 复性速度明显快于其他区域，因而易被 Giemsa 染液深染，在染色体上呈现出着丝粒和次缢痕深染区，即 C 带。

进行染色体显带技术首要条件是制备染色体标本，动物染色体的制备最常用的途径是从骨髓细胞、血淋巴细胞和组织培养的细胞中制备染色体。小型动物的染色体制片最好、最有效的材料就是骨髓组织。

骨髓细胞具有丰富的细胞质和高度分裂能力，可以不经过体外培养和植物血细胞凝集素(PHA)刺激，直接观察处于分裂的细胞，且有丝分裂指数高。利用秋水仙素处理，可获得大量有丝分裂中期细胞。再通过显带处理，获得染色体带型。不同的分带处理技术，在染色体上显现的条带数目不同，见图 12-11。

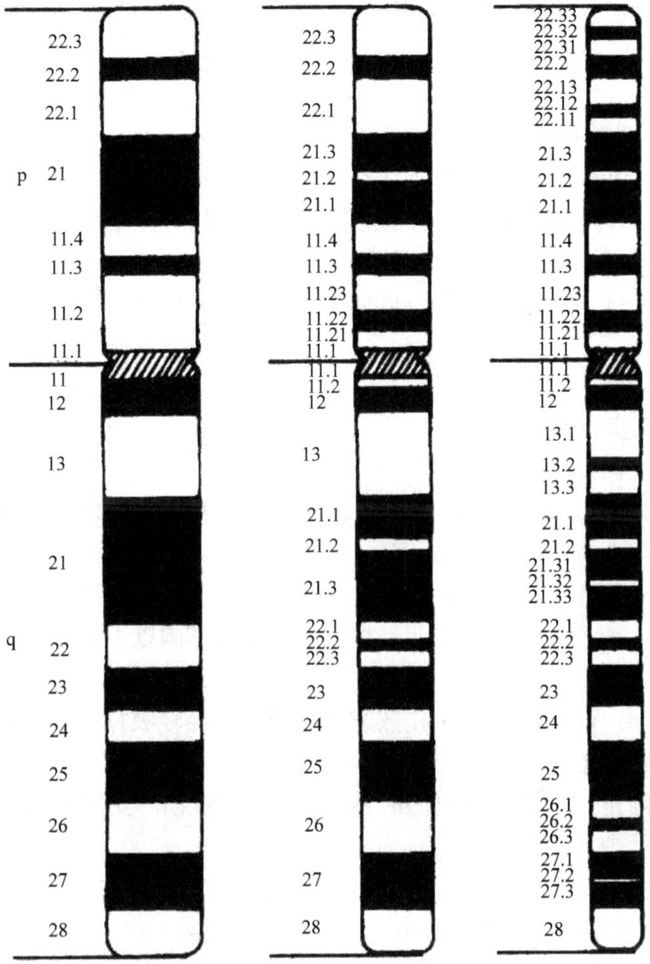

图 12-11　人类 X 染色体不同条带水平比较(余其兴和赵刚，2000)

人类 X 染色体在 500、850 和 1000 条带水平的比较

【实验仪器和药品】

1. 仪器

显微镜、恒温水浴箱、容量瓶、烧杯、染色缸、载玻片、盖玻片、剪刀、镊子、标签、滤纸。

2. 药品

无水乙醇、冰醋酸、盐酸、甲醇、柠檬酸钠、氢氧化钡、磷酸二氢钠、磷酸氢二钠、磷酸二氢钾、Giemsa 染液、甘油、果胶酶、纤维素酶。

3. 试剂

(1) 0.1%的秋水仙素溶液：称 0.01g 秋水仙素，加入 10ml 生理盐水。

(2) 5% $Ba(OH)_2$ 溶液：$Ba(OH)_2$ 5g 溶于 100ml 蒸馏水中，过滤(用前配)。

(3) 2×SSC 溶液：NaCl 17.54g，柠檬酸钠 8.82g，用蒸馏水溶解后定容 1000ml (pH 7.0) 。

(4) pH 6.8 磷酸缓冲液：

1) 1/15mol/L KH_2PO_4：称 KH_2PO_4 4.559g 加蒸馏水定容至 500ml。

2) 1/15mol/L Na_2HPO_4：称 Na_2HPO_4 4.735g 加蒸馏水定容至 500ml。

将 A、B 液等体积混合。

(5) Giemsa 染液：1∶10 Giemsa 原液(用 pH 6.8 的磷酸缓冲液稀释)。

【实验材料】

小白鼠或青蛙。

【实验方法与步骤】

1. 染色体标本制备

(1) 取材和材料预处理：按动物 2~4μg/g 体重剂量，腹腔注射秋水仙素；3~4h 后，处死动物，取股骨(剔净肌肉)。

(2) 收集骨髓细胞：切开股骨两端，用 1ml 注射器盛上生理盐水反复冲洗股骨至离水管，直至股骨变白为止；将收集的骨髓细胞以 1000r/min 离心 10min，弃上清液。

(3) 低渗：沿管壁倒入 6ml 蒸馏水，用吸管轻轻吸打成细胞悬液，于 37℃水浴箱中低渗 20min。

(4) 预固定：沿管壁滴加 1ml 固定液(现用现配)，立即混匀，以 1000r/min，离心 10min，弃上清液。

(5) 固定：沿管壁加入 6ml 固定液，用吸管轻轻吸打成细胞悬液，室温固定 20min。以 1000r/min 离心 10min，弃上清液。重复 1 次，去上清液，加入固定液 0.5ml，用吸管吹打成细胞悬液。

(6) 滴片制备染色体制片：取预冰冻载玻片，滴上 2~3 滴细胞悬液，迅速用嘴吹向一侧，使细胞分散均匀，烤片。

2. 染色体 C 带标本制备

(1) 变性：将染色体标本放入盛有 5%的 $Ba(OH)_2$(新配制)的染色缸中，60℃恒温水浴箱中水浴 7~8min。将染色缸一同移到自来水龙头下，逐步置换染色缸中的 $Ba(OH)_2$ 溶液[不能直接倒 $Ba(OH)_2$ 溶液再加水，防止形成 $BaCO_3$ 膜，使染色体无法正常分带]，再用蒸馏水换洗 3~4 次，每次时间 2~3min。

(2) 复性：将染色体标本放入 60℃的 2×SSC 溶液中温育 60~90min，用蒸馏水换洗 3~4 次(动作不宜过大，以免染色体丢失)。

(3) 染色：用 Giemsa 染液染色 40~60min，蒸馏水冲洗，空气干燥(镜检染色效果，如果过浅，增加染色时间；如果过深，蒸馏水冲洗时间增长)。

(4) 镜检：在低倍镜下寻找染色体分散较好的视野，换高倍镜观察。

(5) 显微摄影：将分散清楚的图像拍摄下来，注意动物染色体 C 带特点和鉴别要点，进行核型分析。

【注意事项】

1. 秋水仙素用量太多或处理时间过长，会导致染色体的过分凝缩或着丝粒裂解，最终会引起染色体形态不正常，甚至被破坏或溶解。

2. 染色体制片不宜放置过长时间，以免影响制备 C 带质量。

3. 变性过程应防止形成 $BaCO_3$ 膜，以免影响 C 带的观察。

4. 注意染色时间，以免过深，影响 C 带的观察。

【实验报告与思考题】

1. 交 C 带染色体标本一张。

2. 镜下观察并绘出 C 带染色体核型。

实验 12.5　姐妹染色单体色差方法

实验 12.5.1　植 物 部 分

【实验目的】

1. 了解植物姐妹染色单体差别染色技术的原理和制作 SCE 标本的方法。

2. 通过 SCE 标本的观察，掌握 SCE 计数方法。

【实验原理】

姐妹染色单体差别(sister chromatid differentiation，SCD)染色法是 20 世纪 70 年代中期发展起来的染色体处理技术。1973 年 Latt 在培养的细胞中加入 5-溴脱氧尿嘧啶核苷(5-bromode oxyurdine，BrdU)，用 Hoechst-33258 荧光染料染色时，发现了姐妹染色单体的色差反应和它们之间互换的现象。其原理是在 DNA 复制过程中，核苷的类似物 5-溴脱氧尿嘧啶核苷或 5-碘尿嘧啶核苷(5-iodo-2′-deoxyuridine，IdU)可取代胸腺嘧啶(thymidine，T)掺入新合成的 DNA 链。在适当的 5-溴脱氧尿嘧啶核苷溶液中培养植物根尖，经过两个细胞分裂周期后，中期染色体两个单体的 DNA 双链在化学组成上就有了差别，即一条染色单体的两股 DNA 的 T 位完全由 BrdU 代替；而另一条染色单体的两股 DNA 中的一股含 BrdU，另一股则不含 BrdU。细胞经过制片和苯并咪唑荧光染料(Hoechst-33258)染色后，在荧光显微镜下可观察到两条姐妹染色单体显示强弱不同的荧光。两条都含有 BrdU 的单体的 DNA 链荧光较强，只有一条含 BrdU 的单体的 DNA 链荧光较弱。由于荧光染料发出的荧光时间短，标本不能长期保存，所以实验后应立即在荧光显微镜下观察摄影。

1974 年 Korenberg 和 Freedlender 改进了这一技术，建立了较简易的 BrdU-Giemsa 技术，单独用 Giemsa 染色即获得姐妹染色单体差别 (sister-chromatid differentiation，SCD)染色。其原理是由于双股含有 BrdU 的 DNA 链组成的染色单体，螺旋化程度较低，在热盐溶液中受光照射后易水解，从而影响了与 Giemsa 染液的亲和力，形成较浅颜色。所以 Giemsa 染色后，含有 BrdU 的 DNA 链比含 T 的 DNA 链染色更淡，形成姐妹染色单体色差。应用姐妹染色单体区分法(SCD)染色研究来自一个染色体的两条单体之间在同一个位点发生同源片段的交换，称为姐妹染色单体交换(sister chromalid exchange，SCE)。

姐妹染色单体交换是一个染色体的两条单体之间同源片段的交换，交换是完全的、对称的。由于姐妹染色单体染色上的明显差异，如果姐妹染色单体间在某些部位发生交换，则在交换处可见有一界限明显、颜色深浅对称的交换片段，故 SCE 易于计数，即使在一定距离内发生多次交换，也可被检测出来。

姐妹染色单体交换技术可用于研究细胞周期、染色体半保留复制、染色体的分子结构和畸变，以及 DNA 的复制、损伤与修复等一系列重要理论问题，还可以用于分析姐妹染色单体交换频率。SCE 能灵敏地检测染色体的变化，并表现出一定的剂量效应，因此，临床上已将 SCE 列为检测致突变物、致癌物的常规指标之一。

【实验仪器和药品】

1. 仪器

显微镜、恒温水浴箱、容量瓶、烧杯、染色缸、载玻片、盖玻片、剪刀、镊子、标签、滤纸。

2. 药品

无水乙醇、冰醋酸、盐酸、甲醇、柠檬酸钠、氢氧化钡、磷酸二氢钠、磷酸氢二钠、磷酸二氢钾、Giemsa 染液、甘油、果胶酶、纤维素酶。

3. 试剂

(1) 500μmol/L 5-溴脱氧尿嘧啶溶液：用无菌青霉素瓶，称取 BrdU 7.7mg，加双蒸水 50ml，用黑纸避光，4℃冰箱保存，新鲜配制。

(2) 0.05%的秋水仙素溶液：称取 0.5mg 秋水仙素溶于 10ml 双蒸水中。

(3) 3.5 mol/L HCl 溶液：移取 29.1ml 浓盐酸稀释到 100ml。

(4) 席夫试剂：称取 0.5g 碱性品红于 100ml 沸水中，煮 5min，充分溶解后冷却至 500℃时，过滤到棕色瓶中，加入 1mol/L HCl 10ml，冷却至 25℃时再加入 1g 偏重亚硫酸钠或钾，充分振荡。塞紧瓶口，存于暗处或用黑纸包瓶。

【实验材料】

蚕豆(2*n*=12)或洋葱(2*n*=16)根尖。

【实验方法与步骤】

1. 染色体标本制备

(1) 根尖材料培养：蚕豆种子经自来水浸泡 36h，湿纱布包裹催芽 36h 后，选已萌发的蚕豆放入垫有湿脱脂棉的洁净培养皿中 25℃暗培养，每 12h 换一次水，待根长约 2cm 时切去主根根尖，促其侧根生长。洋葱的根盘浸入装有清水的小烧杯中促根。

当根长 1.0~1.5cm 时，将培养的根尖移至 500μmol/L 5-溴脱氧尿嘧啶溶液中，避光培养 34~36h(此时蚕豆或洋葱已经历了两个细胞周期，5-溴脱氧尿嘧啶已掺入 DNA 链中)。

(2) 取材和材料预处理：取 0.5~1cm 蚕豆或洋葱根尖(一般以 0.5cm 为佳，不宜过长，过长不利于酶解操作)放入装有 0.05%的秋水仙素溶液中，25℃中处理 2~3h。处理后用清水冲洗多次，直至洗去所有药液。

(3) 固定：预处理后的蚕豆或洋葱根尖放入卡诺固定液(甲醇：冰醋酸=3：1，现用现配)中 0.5~24h，转换至 70%乙醇中，冰箱保存。

(4) 水解：将根尖放入 3.5 mol/L HCl 溶液，40℃(恒温水浴)下处理 40~60s。

(5) 染色：每隔 5s 取根尖放入席夫试剂中染色 45~60s，使根尖呈深紫红色。

(6) 压片：将根尖放在载玻片上，切去根尖未着色部分，吸水纸吸去多余的试剂，盖上盖玻片(避免出现气泡)，用解剖针轻敲盖玻片，使材料均匀分散，再盖上两层吸水纸，用铅笔的平头敲，使细胞分裂相进一步分散。

2. 观察、计数和统计

(1) 选择细胞轮廓完整、染色体数为 $2n$=12 的中期分裂相计数。

(2) 染色单体端部和着丝粒的交换记为 1 个 SCE，染色单体之间的交换记为 2 个 SCE。

(3) 每个样本选择 30 个细胞分析，计算平均值。

(4) SCE 率=累计交换数/观察细胞数=SCE/细胞。

【注意事项】

1. BrdU 是一种强突变剂，使用浓度不宜过高，以免产生细胞毒性作用。

2. 根尖在 BrdU 溶液中的培养时间是姐妹染色单体色差实验(SCD)的基础。应选择长度在 0.5~1.5cm 的侧根根尖放入 BrdU 溶液培养，此时侧根为生长最旺盛时期，BrdU 容易取代 T 掺入细胞 DNA 中。

3. 取材时间分别为上午 9:00 左右和下午 2:00~3:00，这是蚕豆每日的两个分裂高峰期。

【实验报告与思考题】

1. 计算 SCE 的频率。

2. 绘制典型 SCE 的细胞分裂相图。

实验 12.5.2　动 物 材 料

【实验目的】

1. 掌握制作动物骨髓细胞染色体标本和 SCE 标本的方法。

2. 通过 SCE 标本的观察，掌握 SCE 计数方法。

【实验原理】

在 DNA 复制过程中，碱基类似物 5-溴脱氧尿嘧啶(5-bromodeoxy uridine，BrdU)或 5-碘尿嘧啶核苷(5-iodo-2′-deoxy uridine，IdU)可以代替胸腺嘧啶(thymidine，T)掺入新合成的 DNA 链。

根据 DNA 的半保留复制规律，哺乳动物或人的细胞在 BrdU 的培养液中经过两个细胞周期后，中期染色体两个单体的 DNA 双链在化学组成上产生差别。当一条染色单体的两股 DNA 核苷酸链的 T 位完全由 BrdU 代替，螺旋化程度较低，降低了姐妹染色单体对 Giemsa 染色剂的亲和力，Giemsa 染色显示浅色；如果染色体的 DNA 链中只有一条多核苷酸链的 T 位被 BrdU 所替换，Giemsa 染色呈深色，因此在普通显微镜下可见两条姐妹染色单体显示深浅不同的颜色，形成姐妹染色单体色差。

【实验仪器和药品】

1. 仪器

显微镜、恒温水浴箱、离心机、剪刀、镊子、容量瓶、烧杯、离心管、量筒、烧杯、染色缸、载玻片、盖玻片、无菌青霉素瓶、标签、滤纸、紫外灯(15W)、2ml 和 1ml 灭菌注射器、吸管、移液管、试剂瓶、培养瓶。

2. 药品

无水乙醇、冰醋酸、盐酸、甲醇、柠檬酸钠、氢氧化钡、磷酸二氢钠、磷酸氢二钠、磷酸二氢钾、Giemsa 染液、甘油、果胶酶、纤维素酶。

3. 试剂

(1) 1mg/ml 秋水仙素溶液：20 mg 秋水仙素，加入生理盐水 20ml，待完全溶解后，高压灭菌后避光保存于 4℃冰箱中。

(2) 0.5mg/ml BrdU 溶液：室温称取 BrdU 2mg，在无菌条件下加入灭菌生理盐水 4ml。溶解，混匀，避光保存于冰箱。最好现配现用。

(3) 0.075mol/L KCl 溶液：0.559g KCl 溶于 100ml 蒸馏水中。

(4) 固定液：甲醇∶冰醋酸为 3∶1 配制，现用现配。

(5) Giemsa 染液：用 Giemsa 原液 1ml 加 9ml 的磷酸缓冲液(pH 6.8)，配成使用溶液。

(6) 2×SSC 溶液：NaCl 17.54g、柠檬酸钠 8.82g，用蒸馏水定容至 1000ml

(pH 7.0)。

(7) pH 6.8 磷酸缓冲液：

A. 1/15mol/L KH_2PO_4：称 KH_2PO_4 4.559g 加蒸馏水定容 500ml。

B. 1/15mol/L Na_2HPO_4：称 Na_2HPO_4 4.735g 加蒸馏水定容 500ml。

将 51ml A 液和 49ml B 液混合。

【实验材料】

6~8 周龄小鼠，体重 20g 左右。

【实验方法与步骤】

1. 制备阳性对照组和空白对照组

(1) 阳性对照组：向小鼠腹腔注射 10~30μg/g 体重的环磷酰胺药物；

空白组：向小鼠腹腔注射 0.2ml 生理盐水。

(2) 1h 后，在小鼠背部皮下注射 10%的酵母制剂 0.3ml/只。

(3) 24h 后，在小鼠股骨沟注射 0.25~0.5ml BrdU 溶液，14~16h。

2. 小鼠骨髓染色体标本制作

(1) 秋水仙素预处理：实验前 3~3.5h，腹腔注射 1mg/ml 秋水仙素溶液 0.1ml/只。

(2) 取股骨骨髓：断颈处死小鼠，剥取连同两端骨骺的股骨，剔去肌肉，以干净纱布擦去血污和碎肉。剪去两端膨大的骨骺露出骨髓腔，用吸有适量生理盐水的注射器从股骨一端插入针头，将骨髓冲洗入 10ml 刻度离心管，至股骨呈白色为止。离心管中细胞悬浮液达 5ml。

(3) 低渗处理：将上述细胞悬浮液经 1000r/min 离心 10min，去上清液，加 0.075mol/L KCl 6~8ml，小心用吸管将细胞团块打匀，置入 37℃水浴 15~20min。

(4) 固定：低渗后经 1000r/min 离心 10min，去上清液，沿管壁徐徐加入 5ml 固定液，小心用吸管将细胞打匀，静置 20min，此为第一次固定。按上述条件离心、弃上清液，再重复固定一次，静置 20min，弃上清液，留 0.1~0.2ml 的细胞团和上清液，加上 2~3 滴固定液，摇匀制成细胞悬液。

(5) 滴片：取一张预冷的载玻片(将载玻片放入固定液中置于冰箱中)，滴片高度在 20cm 左右，每张载玻片上滴 2~3 滴细胞悬液，用嘴将细胞迅速吹散，每份样品制片两张。将载玻片自然干燥或于 37℃烘箱中保存。

标记：在有染色体的一面用记号笔于载玻片右上角做上记号(或在载玻片右侧贴上标签)。

3. 姐妹染色单体色差法

(1) 染色体制片在 37℃恒温箱内老化 24h 或室温放置 1~2 天。

(2) 将染色体标本载玻片正面向上平铺在恒温(45℃)水浴锅上，在玻片上滴加已预热至 45℃的 2×SSC 溶液。

(3) 用 15W 紫外灯在距载玻片 10cm 处照射 45min(紫外灯放在恒温水浴锅上，灯与标本垂直，其外加盖报纸数张以阻挡紫外线)。

(4) 照射完毕后以蒸馏水洗去 2×SSC。

(5) 1：10 Giemsa 染液染色 5min。

(6) 自来水细流冲洗去多余染料，干燥，镜检。

4. 观察、计数和统计

(1) 观察和计数：在低倍镜下选择染色体分散好、不重叠或少重叠的分裂相，转油镜下观察。选择细胞轮廓完整，染色体数为 $2n$=40 中期分裂相计数(染色单体端部和着丝粒的交换记为 1 个 SCE，染色单体之间的交换记为 2 个 SCE)。每个样本选择 20 个中期分裂相分析，计算个体 SCE 率：

SCE 率=累计交换数/观察细胞数=SCE/细胞

(2) 统计学处理：分别计算各实验组的 SCE 平均值和标准误，进行 t 检验，并查表求 P 值($P>0.05$，表明差异不显著；$P<0.05$，表明差异显著)。

【注意事项】

1. BrdU 溶液最好现配现用，若一次配制过多，使用不完，需避光保存(用黑布或黑色纸张包裹)，放置 4℃冰箱保存。

2. 向小鼠股骨沟注射 0.25~0.5 ml BrdU 溶液是实验的关键，一般在小鼠注射 BrdU 溶液后，2~3h 皮毛明显湿润，表明 BrdU 掺入细胞中。

3. 用紫外灯照射诱发姐妹染色单体交换时，如紫外灯功率大，W 数高，照射的时间即相应减少。

【实验报告与思考题】

1. 选细胞轮廓完整、染色体数为整二倍体的中期分裂相进行 SCE 统计分析。

2. 将统计结果填入表 12-1，用 t 检验对实验结果进行检验，说明检验结果。

3. SCE 如何计数？

表 12-1　小鼠骨髓细胞 SCE

	供试小鼠只数	观察细胞个数	SCE			
			总个数	平均	t 值	P 值
空白对照组 (生理盐水组)						
阳性对照组 (环磷酰胺组)						

4. 制备良好的小鼠 SCE 染色体标本，操作时应注意哪些问题？

实验 12.6　人体 X 染色质的观察

【实验目的】

1. 通过实验掌握人类 X 染色质的制片及观察方法。

2. 在显微镜下正确识别 X 染色质的特征及其所在的位置。

【实验原理】

1949 年巴尔(Barr)等在研究猫的间期神经细胞时，发现雌猫体细胞核膜边缘有一个可被碱性染料染色的小体，而雄猫没有。后来有人发现在人类正常女性口腔上皮、阴道上皮、皮肤、结缔组织、子宫颈、羊水等组织中都发现同样的小体，继而又有人进一步发现所有雌性哺乳动物细胞中都有一个这种小体。由于这种染色质小体与性别及 X 染色体数目有关，所以称为 Barr(巴氏)小体。这是一种浓缩的、惰性的异染色质化的小体，是由两个 X 染色体中的一个在间期时发生异固缩形成的，所以又把它称为 X 小体、X 染色质，见图 12-12。

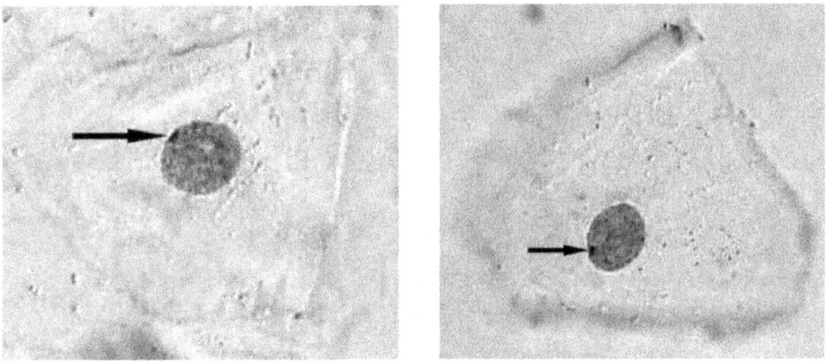

图 12-12　人体口腔黏膜细胞 X 染色质

箭头所指处为 X 染色质

在哺乳动物和人类胚胎发育早期，雌性体细胞的两条 X 染色体中有一条随机性失活(即莱昂化现象)。人类卵细胞在受精 16 天后，女性的两条 X 染色体随机失活一条，形成 X 染色质。

细胞学研究发现 Barr 小体的数目正好是 X 染色体数目减 1。设 X 染色体数为 n，则 Barr 小体数目$=n-1$；XXX 的个体则具 2 个 X 染色质。例如，正常女性只有 2 条 X 染色体，所以仅有 1 个 X 染色质；具有 3 条 X 染色体的不正常女性则有 2 个 X 染色质。雄性个体只有一条 X 染色体，则不发生异固缩，因此没有 X 染色质。但性染色体组成为 XXY 的男性也可以有 1 个 X 染色质。因此，可以根据 X 染色质的有无和数目来鉴定胎儿性别及性别畸形。

【实验仪器和药品】

盖玻片、载玻片、显微镜、牙签、镊子、滤纸、一次性口杯、50%冰醋酸、改良碱性品红染色液或醋酸地衣红染色液等。

【实验材料】

人体口腔黏膜或毛发根部细胞。

【实验方法与步骤】

1. 口腔颊部黏膜细胞 X 染色质制片与观察

(1) 用口杯漱口 2~3 次，清除食物残渣。

(2) 用手顶住脸颊，用牙签伸入口腔内，刮取口腔颊部黏膜上皮细胞。弃去第一次刮取的细胞，防止口腔中脱落的上皮细胞和细菌干扰涂片。

(3) 换一根干净的牙签再次刮取口腔颊部黏膜上皮细胞，将第二次刮取的细胞涂在干净的载玻片上，涂片范围大约盖玻片大小，而后放置片刻，空气干燥。

(4) 滴加 1 滴碱性品红染色液或者醋酸地衣红染色液，使染色液覆盖涂片的范围，染色 5~8min，盖上盖玻片，用滤纸吸去多余的染色液。

(5) 先用低倍镜找到上皮细胞，再用高倍镜观察。选择 50 个染色适度、细胞核平铺不折叠的细胞进行观察，统计 X 染色质出现的比率。

2. 头发根囊 X 染色质制片与观察

(1) 取材：拔取带毛囊的毛发(图 12-13)，放在洗净干燥后的载玻片上。

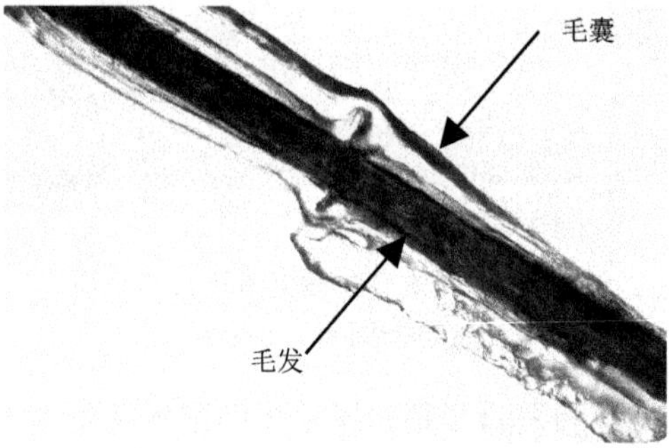

图 12-13　带毛囊的毛发

(2) 酸解：在毛发根部滴加 1~2 滴 50%冰醋酸解离 5 min，待毛发软化后，吸干冰醋酸。

(3) 水洗：滴加蒸馏水水洗 3 次，除净残余的冰醋酸。

(4) 用镊子尖或解剖针尖压住外毛囊，拔出毛发，滴加 1 滴醋酸地衣红染色液(或者改良碱性品红染色液)，染色 5~8min。

(5) 制片：加上盖玻片，轻敲振动，使细胞均匀分散，用滤纸吸去多余的染色液，即可镜检。

【注意事项】

1. 刮口腔黏膜时，牙签采用钝头，并与黏膜成一定斜角刮取细胞，以免刺破口腔黏膜。

2. 涂片时要注意将牙签上的细胞均匀地平铺于载玻片上，避免细胞重叠，否则不利于观察。

3. 染色时间不能太长，否则整个核均被深染，就不易区分出 X 染色质。

4. 拔取毛发时，要抓住毛发靠近根部处，迅速拔取，这样容易连毛囊一起拔出。

5. 染色毛囊细胞时，若酸洗不干净，则不易着色。

【实验报告与思考题】

1. 分别观察 50 个可数细胞，计算显示 X 染色质所占百分比。

2. 观察中选绘 1 个典型细胞，示明 X 染色质的形状和部位。

3. 试述 X 染色质的形成机理。

实验 12.7　染色体端粒的遗传分析

【实验目的】

1. 了解染色体端粒与细胞衰老的关系。

2. 理解细胞荧光强度与染色体端粒长度间的关系。

3. 掌握 FACSort 流式细胞仪检测细胞荧光强度的方法。

【实验原理】

作为遗传物质的载体，染色体结构的稳定及其携带信息的完整性至关重要。然而在真核细胞中，染色体滞后链的特殊复制方式决定了染色体末端不能被全长复制，理论上细胞每分裂一次，染色体末端就将丢失一段序列，这种有名的染色体“末端复制问题”在实际情况下却没有发生，而是随着细胞的分裂，染色体末端保持稳定。这种染色体复制的稳定性归功于染色体末端的一段像帽子一样的特殊结构，即“端粒”。端粒位于染色体的两端，是一种由串联重复的短双链 DNA 序列及相关的蛋白质组成的 DNA 蛋白复合体。当细胞每分裂一代，染色体末端的端粒片段就丢失一段序列，端粒长度就缩短一些，随着细胞分裂的进行，端粒长度逐渐缩短，当端粒长度缩短到一定程度时，细胞极度衰老，生长缓慢，继续进行 DNA 复制与分裂将导致 DNA 片段的破坏，此时细胞停止分裂，进入死亡。1961 年加利福尼亚大学解剖学教授伦纳德·海弗利克提出了著名的“海弗利克极限”学说，他指出：细胞，至少是培养的细胞，是有一定寿命的，其增殖能力也有极限，如从胎儿肺部得到的成纤维细胞只可在体外条件下传代 50 次。1982 年，布莱克伯恩(Elizabeth Helen Blackburn)、绍斯塔克(Jack William Szostak)和格雷德

(Carol W. Greider)在著名杂志 *Nature* 上第一次成功地阐述了端粒的保护作用，因此分享了 2009 年诺贝尔生理学或医学奖。然而这种端粒与细胞衰老的相关性在肿瘤细胞中有所不同，肿瘤细胞中存在端粒酶，在端粒长度缩短过程中，端粒酶以自身的 RNA 提供模板，维持端粒的结构和长度，延缓细胞的衰老，致使肿瘤细胞永生。

三丁基过氧化氢(tert-butylhydroperoxide, t-BHP)是一种强氧化性物质，可以通过氧化应激作用使端粒长度加速缩短，从而不可逆阻滞细胞于 G_1 期，最终细胞因失去增殖能力而衰老。

epithalon 是动物松果体分泌的一种缩氨酸，这种多肽可通过人工合成。epithalon 多肽具有许多生物活性及调节功能。研究表明，利用 epithalon 多肽处理人肝细胞株 L-02，可使 L-02 细胞株中的端粒酶活性明显增强，从而增加细胞端粒长度，延缓细胞衰老。

人体的端粒由高度重复序列 TTAGGG 组成，根据其结构设计的探针 $(CCCTAA)_3$ 能与重复序列特异性结合，并能在其结合位点上检测到探针末端所携带的 FITC 荧光。端粒长度越长，其所含重复序列数目越多，与之结合的探针 $(CCCTAA)_3$ 就越多，其荧光也就越强。另外，荧光强度还与每个细胞的染色体数目有关，染色体越多，端粒就越多，荧光也就越强。因此，Flow-Fish 的荧光强度直接反映了端粒长度的变化。

本实验利用 t-BHP 诱导动物细胞衰老，利用 epithalon 逆转由 t-BHP 诱导的细胞衰老，通过流式细胞仪检测荧光强度，比较衰老诱导后的细胞端粒长度与逆转衰老后的细胞端粒长度的变化情况来证明端粒长度和细胞衰老的关系。

【实验仪器和药品】

1. 仪器

超净工作台、CO_2 恒温培养箱、倒置荧光显微镜、FACSort 流式细胞仪。

2. 药品及其配制方法

(1) epithalon 多肽(Ala- Glu- Asp- Gly)的配制：取 10mg epithalon 溶于 l0ml 三蒸水中制成 1mg/ml 溶剂，分装后−20℃冻存备用，用前按需稀释。

(2) Rpmi 1640 培养基的配制：取 10.4g Rpmi 1640、2.5g $NaHCO_3$ 及 2.7g Hepes，纯水溶解后，用 1mol/L 的 NaOH 调节 pH 在 7.2~7.4，加水定容至 1000ml，以 0.22μm 滤膜过滤除菌，4℃保存。使用前加入灭活的小牛血清、无菌青霉素、链霉素，配成含 10%小牛血清、100U/ml 青霉素、100U/ml 链霉素的 Rpmi 1640 完全培养基。

(3) 三丁基过氧化氢：100μmol/L。

(4) 0.25%胰蛋白酶细胞消化液的配制：取胰酶 0.25g、EDTA 0.02g 溶解于 100ml 已灭菌的 PBS 缓冲液中，调 pH 至 7.2~7.4，置于 4℃冰箱内过夜，0.22μm

双层滤膜过滤除菌，并分装入瓶(10ml/瓶)。–20℃冰箱保存备用。

(5) 10mmol/L Tris-HCl。

(6) 0.1%BSA。

(7) FITC-$(C_3TA_2)_3$PNA 探针。

(8) Tween-20。

(9) 杂交液：含 70%去离子甲酰胺、20mmol/L Tris(pH 7.0)及 1%BSA，用时现配。

(10) PI 的配制：1mg PI 溶于 1ml PBS 中，待 PI 溶解后，4℃避光保存。

(11) 洗液 1：含 70%去离子甲酰胺、10mmol/L Tris-HCl、0.1%BSA 和 0.1% Tween-20。

(12) 洗液 2：为含 0.1% BSA 和 0.1%Tween-20 的 PBS。

(13) 磷酸缓冲液(PBS)的配制：取 8.0g NaCl、0.2g 乙酸钾、0.2g KH_2PO_4、2.084g $NaHPO_4 \cdot 12H_2O$，纯水溶解并调节 pH 至 7.2，定容于 1000ml，高压灭菌，4℃保存。

【实验材料】

人肝细胞株 L-02。

【实验方法与步骤】

1. 细胞培养

人肝细胞株 L-02 培养于含 10%新生小牛血清、100U/ml 青霉素和 100μg/ml 链霉素的 Rpmi 1640 完全培养基中。培养条件为 37℃和 5%CO_2，3~4 天换液。加 epithalon 后隔天换液。将上述细胞按照表 12-2 随机分为三组。

表 12-2　实验分组

对照组 1：空白对照		
对照组 2：100μmol/L，t-BHP 处理组		细胞培养以 1∶4 传代，传代 4 次后收集细胞待用
实验组：epithalon 处理组	0.5μmol/L 1.5μmol/L 3.0μmol/L	在 100μmol/L t-BHP 处理组作用后使用，收集细胞待用

2. 流式荧光原位杂交法(Flow-Fish)检测端粒长度的变化

(1) 取 epithalon 处理后生长状态良好的细胞，用 0.25%的胰蛋白酶消化制成 1×10^6 细胞悬液，置于 1.5ml EP 管中，1000r/min 离心 5min，用 PBS 缓冲液清洗细胞一次，取沉淀。

(2) 细胞重新悬浮于 100μl 杂交液中，加入 FITC-$(C_3TA_2)_3$PNA 探针至终浓度为 3μg/ml。空白对照组以等量纯水代替探针。

(3) 80℃的条件下变性样品 10min，然后在暗处室温杂交 2h。

(4) 用 1ml 洗液 1 洗涤细胞两次，洗液 2 洗涤细胞一次。2000r/min 下离心 5min

收集细胞。

(5) 将细胞重悬于 300μl 含 PI 的磷酸缓冲液中，4℃下放置过夜。

(6) 于流式细胞仪上，由 FL-2 通道测定 PI 荧光强度，FL-1 通道测定端粒 FITC 线性范围内的荧光强度。

(7) 端粒平均荧光强度=与探针杂交的细胞的平均荧光强度−空白对照组细胞平均荧光强度。

【注意事项】

1. 为进行数据分析，细胞控制为单一二倍体细胞。

2. 为排除 epithalon 与 t-BHP 两者可能的反应，在 t-BHP 诱导细胞衰老期间不使用 epithalon，待撤去 t-BHP 后修复期间再使用 epithalon。

【实验报告与思考题】

按照表 12-3 填写实验结果。

表 12-3　实验结果

荧光强度组别		与探针杂交的细胞的平均荧光强度	空白对照组细胞平均荧光强度	端粒平均荧光强度	*P* 值
100μmol/L t-BHP 处理组					
epithalon 处理组	0.5μmol/L				
	1.5μmol/L				
	3.0μmol/L				

实验 12.8　染色体结构变异的观察

【实验目的】

了解和掌握染色体结构变异的概念及类型；掌握各种染色体结构变异在减数分裂过程中的细胞学特征。

【实验原理】

染色体结构变异主要有缺失、重复、倒位、易位 4 种。其产生原因是同源染色体或非同源染色体之间发生断裂，然后发生错误重接的结果。在减数分裂过程中，染色体结构变异的杂合体常具有不正常的细胞学行为，从而表现出特殊的细胞学特征。在粗线期观察，缺失杂合体或重复杂合体可见到染色体突出的环或瘤；倒位杂合体可见到倒位圈，或分裂后期出现染色体桥；易位杂合体可见到十字形联会(图 12-14)，或在其终变期出现四体环或四体链。在有丝分裂细胞中可见到后期的染色体桥、染色体断片，以及间期的细胞核显现出“微核”等。

染色体结构变异一般可导致花粉和胚珠的部分不育，或者半不育，产生遗传性状的变异，以及假显性、假连锁、剂量效应、位置效应等改变基因连锁关系的遗传后果，严重的可造成个体死亡。通过染色体行为观察和遗传效应实验相互印证，鉴别染色体结构变异的类型。

【实验仪器和药品】

1. 仪器

多媒体系统、显微镜、培养箱、分析天平、水浴锅、酒精灯、剪刀、镊子、解剖针、载玻片、盖玻片、滤纸、铅笔、标签纸和胶水。

2. 药品

8-羟基喹啉、碱性品红、1%醋酸洋红、苏木精、水合三氯乙醛、铁铵矾、无水乙醇、70%乙醇、1mol/L 盐酸和 5%丙酸。

【实验材料】

蚕豆干种子，经 ^{60}Co γ 射线处理的水葱花、玉米花粉，小麦-黑麦染色体易位体。

【实验步骤】

1. 有丝分裂观察

(1) 材料准备：选购具强生活力的蚕豆干种子，经 45 格伦 ^{60}Co 照射处理后。浸种 24h，然后置搪瓷盘上摊平催芽，上盖 3 层纱布保温，于 20℃上培养，待根长 1~2 cm 时，切取顶端根尖 5 mm 左右于卡诺固定液 0.5h，然后换入 70%乙醇保存备用。

(2) 解离：取出经固定的备用根尖，用 1mol/L HCl 于 60℃±0.5℃水浴解离 8~10min。然后用蒸馏水洗尽材料上的盐酸，准备制片和染色。

(3) 染色制片：取一根经解离的蚕豆根尖，置载玻片正中，对解离后材料水洗并吸干，切取具分生组织部分 1~2mm(去除根冠和伸长区细胞)，挑取根尖乳白色分生组织于载玻片上夹碎捣烂，滴加 1~2 滴染液，染色 7~15min，压片。

(4) 镜检：观察有丝分裂细胞后期的染色体桥和染色体断片、间期细胞的微核。

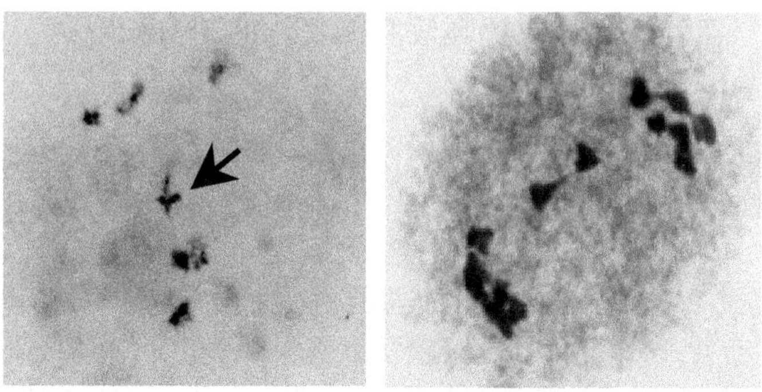

图 12-14　异源易位系终变期出现十字形二价体(左)；后期 I 出现染色体桥(右) (钱春桃等，2006)

2. 减数分裂观察

(1) 取材：在植物发育的适当时期，收集足够量、适宜大小的雄花序或花蕾(包括正常个体和经辐射诱变的植物材料)。

(2) 固定：将取得的幼嫩花序或花蕾立即投入固定液中，处理 12~24h。倒去固定液，用梯度乙醇(95%—80%—70%)依次浸泡漂洗 5~30min，直至去除乙酸味。固定后可置 70%乙醇中保存，于 4℃冰箱内可保存数年。

(3) 制片：参照细胞减数分裂制片与观察的方法，制作正常材料和经辐射诱变材料的减数分裂的装片。

(4) 初检与压片：观察记载正常材料和经辐射诱变材料的减数分裂过程，比较分析正常材料与诱变材料减数分裂行为的差异。依据特殊的减数分裂特征识别染色体结构变异的类型。

【注意事项】

1. 本实验中使用的预处理化学试剂具有强烈的致癌作用，在使用过程中应严格按实验室安全规则进行操作。

2. 有丝分裂预处理时，应在组织分生细胞分裂最活跃的时间取材，一般在上午 8:00~11:00。

3. 染色体结构变异观察的关键是选取合适的发育时期的植物花药，且量要充足。

4. 减数分裂压片不要过于用力，否则改变染色体固有构型。

5. 镜检时要区分花粉母细胞和花药壁细胞，准确辨别前期 I 不同时期的染色体形态。

【实验报告与思考题】

1. 交染色体结构变异的细胞学制片一张。

2. 绘制经染色体结构变异处理所观察到的变异染色体，并说明变异特点。

实验 12.9　果蝇唾液腺染色体的制备和观察

【实验目的】

练习剖取果蝇三龄幼虫唾液腺的方法；掌握制作果蝇唾液腺染色体标本的技术；观察果蝇唾液腺染色体的形态特征，了解其在遗传学研究中的意义。

【实验原理】

双翅目昆虫(如果蝇、摇蚊等)的幼虫消化管细胞发育到一定阶段后就不再进行有丝分裂，停止在分裂间期，但随着昆虫整体器官和细胞体积的增大，细胞核中的染色体尤其是唾液腺的染色体仍不断复制但不分开，形成含 1000~4000 拷贝染色质丝的唾液腺染色体，其宽为 5μm、长为 400μm，称多线染色体，也称巨大染色体，为普通中期染色体的 100~150 倍。其染色质丝形成染色深浅不一、疏密各异的带纹，代表唾液腺染色体不同部位的 DNA 组成和螺旋化程度不同，遍布在染色体上。每一果蝇物种的带纹宽窄、数目和位置都是恒定的。

果蝇唾液腺细胞中 8 条染色体的同源染色体之间发生体细胞联会，并以着丝粒互相连接在一起形成染色中心。在果蝇(*Drosophila melanogaster*)中，染色体 I 为端着丝粒，其一端位于染色中心；染色体 II 和 III 为中着丝粒，它们从染色中心呈 V 字形向外伸展，分别能看到 2L、2R、3L 和 3R 4 条臂；染色体 IV 为点状端着丝粒，因此可以在显微镜下看到 5 条染色体臂和 1 条靠近染色中心的短小染色体，见图 12-15。

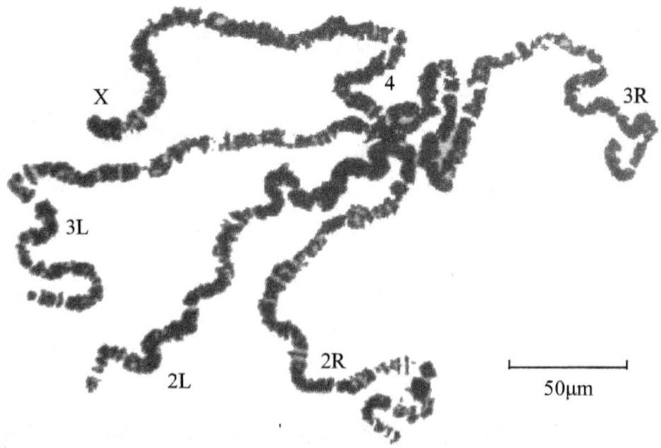

图 12-15　果蝇唾液腺染色体(梁彦生等，1989)

可以根据果蝇唾液腺染色体的特征判断各条染色体，并可进行染色体结构变异的研究，一旦发生畸变如缺失、重复、倒位和易位，可以在唾液腺染色体上鉴别出来。

【实验仪器和药品】

解剖镜、显微镜、恒温培养箱、镊子、解剖针、载玻片、盖玻片、吸水纸、酒精灯、醋酸洋红或改良苯酚品红染液、生理盐水、HCl(1mol/L)。

【实验材料】

果蝇(*Drosophila melanogaster*)的三龄幼虫。

【实验方法与步骤】

1. 选择行动迟缓、肥大并爬在瓶壁上即将化蛹的果蝇三龄幼虫置于干净的载玻片上，并滴加生理盐水，将载玻片放在解剖镜下，左手持解剖针按压虫体后 1/3 处固定幼虫，右手持解剖针扎住幼虫头部，适当用力向右拉，一对透明棒状唾液腺随之拉出，去除其他组织，并把唾液腺白色脂肪剥离干净，见图 12-16 和图 12-17。

2. 在唾液腺组织上加 1 滴 1mol/L 的 HCl，解离 1~2min 以软化组织，用生理盐水冲洗 2~3 次后用吸水纸吸干。

3. 加 1 滴醋酸洋红染液浸染 5~10min，或用改良苯酚品红染液浸染 10~15min。

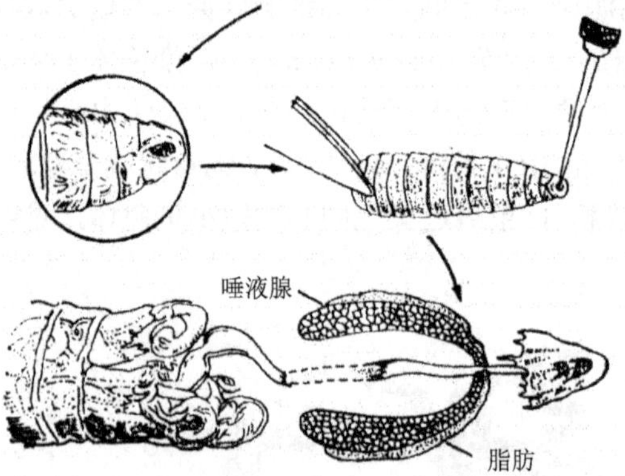

图 12-16　分离果蝇三龄幼虫的唾液腺
(王建波等，2004)

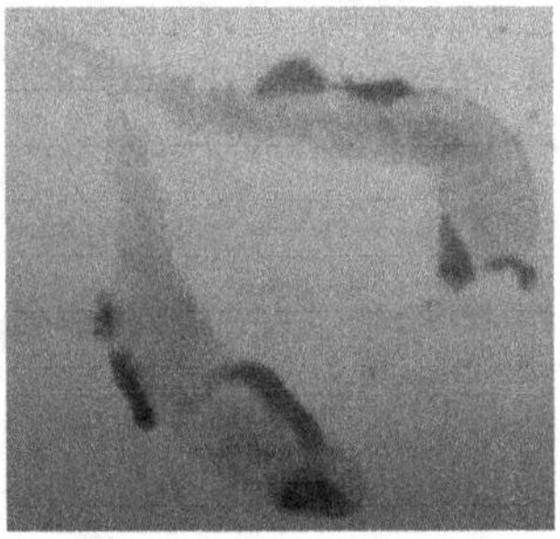

图 12-17　果蝇唾液腺
(卢龙斗和常重杰，2007)

4. 染色后加盖玻片，并覆一层吸水纸，以左手拇指压住盖玻片的左下角，右手拇指朝右侧着力压片，使多线染色体充分平展分开，用吸水纸擦净盖玻片周围溢出的染液。

5. 先在低倍镜下找到染色体分散较好的图像，将其移动到视野中央，再转到高倍镜下观察多线染色体的特征。

【注意事项】

1. 实验材料一定要选择发育良好的三龄幼虫，在培养时注意培养基的营养、虫口密度和培养温度。

2. 在操作和观察过程中都不能使唾液腺干燥，要适时滴加生理盐水和染色液。

3. 压片时注意不要来回搓，要向一个方向用力，避免唾液腺染色体被破坏。

【实验报告与思考题】

1. 根据制片绘制果蝇唾液腺染色体图。

2. 剥取果蝇唾液腺时要注意什么？

3. 果蝇唾液腺染色体有什么特点？

实验 13　生物染色体组型的分析

实验 13.1　人类的染色体组型分析

【实验目的】

1. 通过实验掌握人类染色体组型的分析方法。

2. 学会应用所学遗传学知识判定所分析的染色体组型存在哪些问题。

【实验原理】

每一物种的染色体数目、大小和形态特征是恒定的。对生物体细胞中期染色体的数目、大小和形态特征进行的分析称为染色体组型分析，又称为核型分析。因此，染色体组型分析实际上是对一个物种特定的染色体组成进行系统的分析汇总的过程。染色体畸变率是指染色体数目和结构的变异数目与总细胞数目的比率，根据有关数据统计，在一些国家和地区染色体畸变率已经达到 0.5%~1%。因此，对人类染色体进行染色体组型分析可以为人类疾病的诊断、治疗和保证优生优育提供一种重要依据。正常的人类体细胞染色体数目为 46 条。

【实验仪器和药品】

镊子、剪刀、直尺、圆规、胶水。

【实验材料】

人类体细胞中期染色体制片与显微摄像放大的图片。

【实验方法与步骤】

1. 染色体数目计数

在染色体制片上计数染色体数目。在各种环境的诱导下，有时个体会产生染色体数目变异。此外，在制片过程中也会导致染色体丢失、重叠，致使数目异常。因此，确定一个个体的染色体数目，应挑选染色体无重叠、分散良好、着丝粒清晰的中期分裂相的完整细胞进行染色体数目计数，观察 30 个以上的细胞，其中 85%以上的细胞所具有的恒定一致的染色体数目为该个体的染色体数目。

2. 染色体长度的测量

(1) 短臂长度为着丝粒到短臂端部的长度，长臂长度为着丝粒到长臂端部的长度。采用圆规加直尺进行染色体长度的测量，对弯曲的染色体进行长度测量时，应根据弯曲度分段测量，最后累加计算总长度。

(2) 染色体绝对长度一般宜在放大的照片或图像上进行测量，然后按下式换算：

$$绝对长度 = (放大的染色体长度\times 1000)/放大的倍数$$

(3) 相对长度以 Levan(1964)的公式为准，按下式换算：

$$相对长度 = (所测量的染色体长度/染色体组总长度)\times 100\%$$

(4) 染色体组总长度为整个染色体组全部染色体的长度总和。

3. 臂比值的计算

$$臂比值 = 长臂(q)/短臂(p)$$

4. 染色体类型分类

根据 Levan (1964)的两点四区系统，进行染色体类型的分类。该命名系统是当前应用最广泛的命名系统，见表 13-1。

表 13-1　染色体的分类标准

臂比	类型	命名
1.00	正中部着丝粒	M
1.00~1.70	中部着丝粒区	m
1.70~3.00	近中部着丝粒区	sm
3.00~7.00	近端部着丝粒区	st
7.00~∞	端部着丝粒区	t
∞	端部着丝粒	T

5. 同源染色体的编号、分组与配对

人类的染色体组型分析的编号方法与其他动植物不同，是根据丹佛体制，将染色体分为 A、B、C、D、E、F、G 的分组法，见表 13-2。

表 13-2　人类染色体的分组特点

分组	染色体编号	染色体大小	着丝粒位置	有无随体	备注
A	1 2 3	最大	中部着丝粒 亚中部着丝粒 中部着丝粒	无	本组内 3 号染色体比 1 号染色体略小
B	4、5	次大	亚中部着丝粒	无	与 C 组染色体比较，B 组的 4 号、5 号染色体的短臂均较短
C	6~12	中等	亚中部着丝粒	无	本组内 6 号、7 号、8 号、11 号染色体的长臂较长，9 号、10 号、12 号的短臂较短
D	13~15	中等	近端部着丝粒	有	本组内不同编号的染色体间难以区分
E	16 17 18	较小	中部着丝粒 亚中部着丝粒 亚中部着丝粒	无	本组内 18 号染色体比 17 号染色体短臂更短些
F	19、20	次小	中部着丝粒	无	本组内不同编号的染色体间难以区分
G	21、22	最小	近端部着丝粒	有	本组内 21 号与 22 号染色体长臂的两条染色单体常显分叉状，它们间难以区分
性染色体	X Y	中等 最小	亚中部着丝粒 近端部着丝粒	无	X 染色体属于 C 组染色体，大小介于 6 号与 7 号染色体之间。Y 染色体属于 G 组染色体，两条染色单体的长臂常并拢

编号时根据染色体的长度按照从长至短的方式进行分组编号排序，性染色体排在最后。长度相等的染色体，以短臂长的排在前，短臂短的排在后。再根据相对长度、臂比值、随体有无等指标进行同源染色体的配对，各指标相同的染色体配为一对，用剪刀剪下图片上的染色体，分组按对排列，着丝粒排在同一直线上，短臂朝上，长臂朝下。正常人类染色体组型分析见图 13-1。

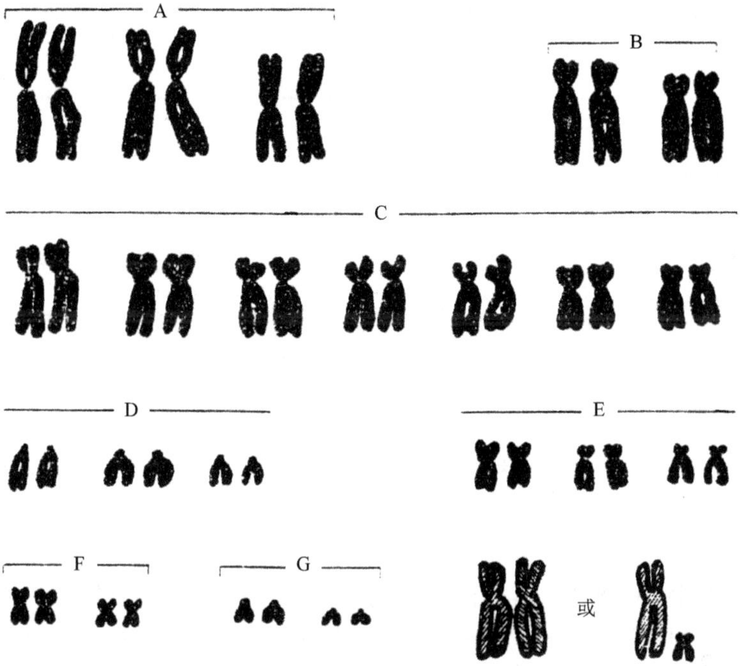

图 13-1　正常人类染色体组型分析示意图(北京大学遗传学教学组，2002)

6. 填写染色体组型分析表

按照配对结果，计算每对染色体的相对长度、长臂、短臂与臂比值填入表 13-3，并且写出每对染色体的类型。染色体是否具有随体，随体长度是否计入长臂或者短臂，染色体是否出现异常等则在备注中进行说明。具随体(或次缢痕)的染色体，应标明 sat，在表中染色体编号的右上方标记“*”作为记号。如果配成对的 2 条染色体分别为异源染色体或出现染色体结构变异现象，则应该在备注中说明。

表 13-3　××染色体组型分析表

染色体编号	相对长度/%	长臂	短臂	臂比值	染色体类型	备注
1						
2						

续表

染色体编号	相对长度/%	长臂	短臂	臂比值	染色体类型	备注
3						
⋮						
22						
X						
Y						

7. 染色体组型分析结论

写出所分析个体的染色体组成，并且分析其产生的可能原因。例如，该个体染色体组成为：45，XO，其原因可能是在减数分裂中 XX 染色体或者 XY 染色体出现例外不分离现象，导致一个配子中 X 或 Y 染色体出现缺失。

【注意事项】

1. 对弯曲的染色体进行长度测量时，应根据弯曲度分段测量，最后累加计算总长度。

2. 折叠的染色体会出现两条单体长短不同的现象，测量时应该测量长的一条单体。

【实验报告与思考题】

1. 从待测图 13-2~图 13-4 中选择 1 张，进行染色体组型分析。

2. 根据分析结果写出待测图染色体组型分析结论，并判断其属于哪种类型的遗传变异。

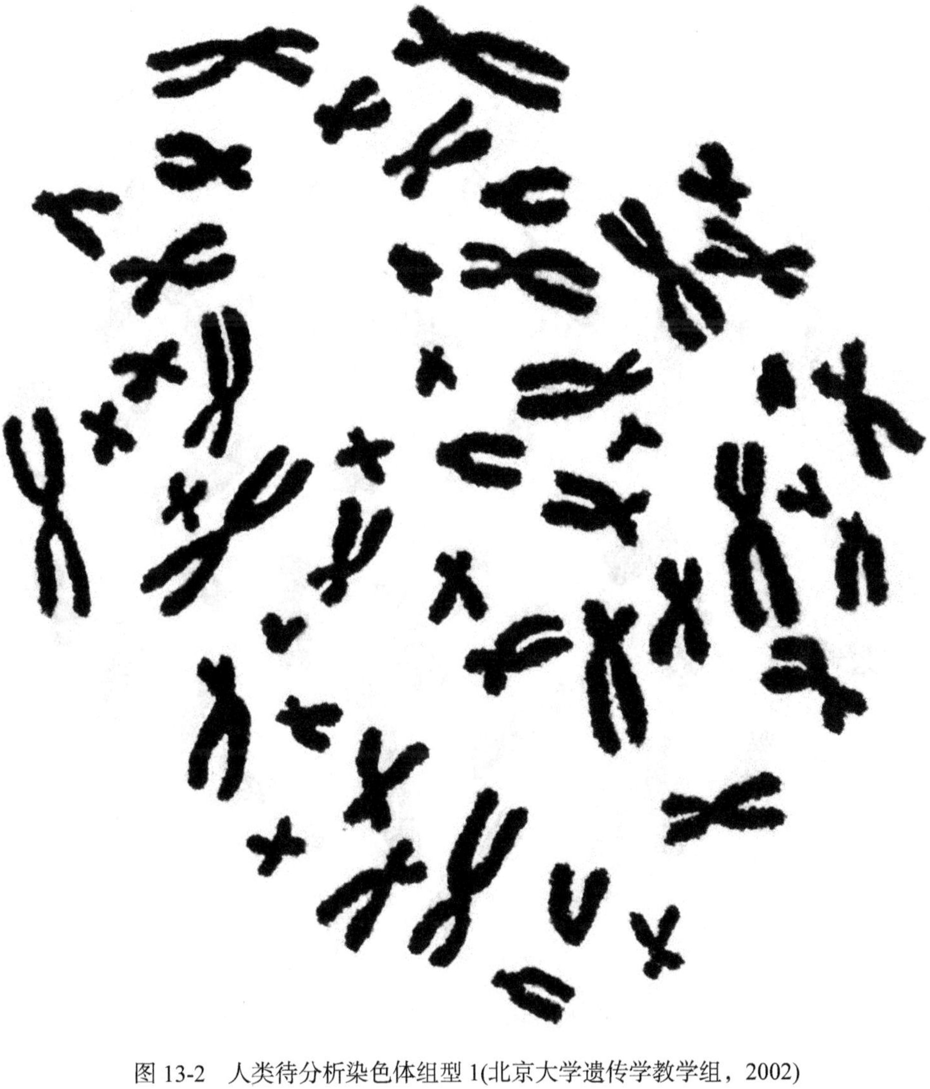

图 13-2　人类待分析染色体组型 1(北京大学遗传学教学组，2002)

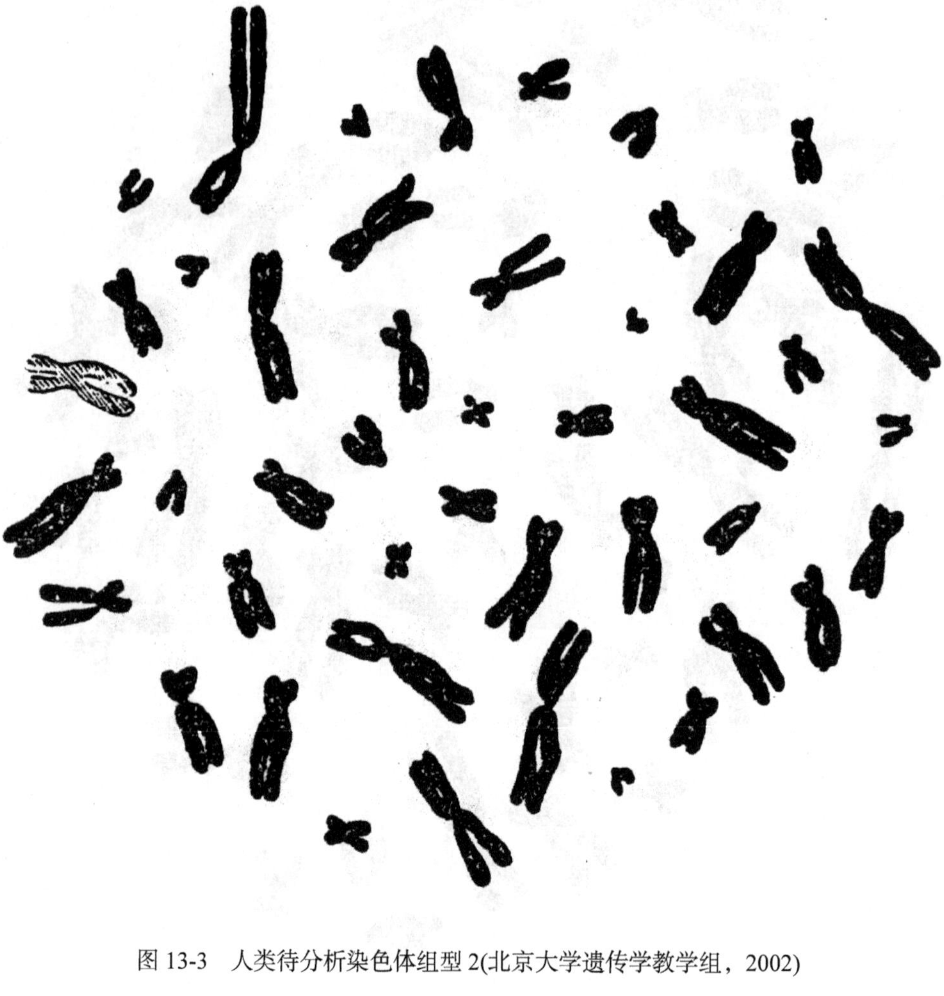

图 13-3　人类待分析染色体组型 2(北京大学遗传学教学组，2002)

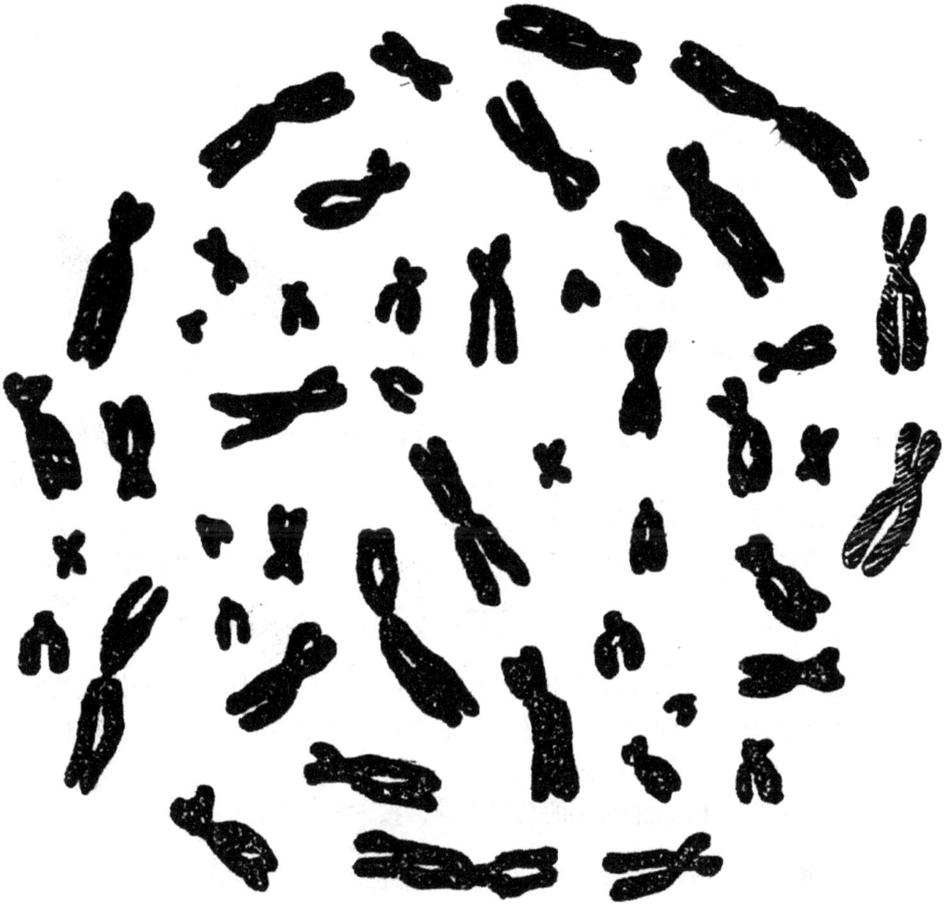

图 13-4　人类待分析染色体组型 3(北京大学遗传学教学组，2002)

实验 13.2　植物染色体组型分析

【实验目的】

1. 通过实验掌握植物染色体组型的分析方法。
2. 学会利用染色体组型分析的方法来进行植物分类和遗传育种的研究。

【实验原理】

每一植物都具有特定的染色体数目、大小和形态特征。对其细胞中期染色体的数目、大小和形态特征进行分析，称为染色体组型分析，又称为核型分析。因此，对植物染色体组型进行分析实际上是对一个物种特定的染色体组成进行系统的分析汇总的过程，这些分析资料可以为植物的亲缘关系、杂交育种、起源进化、分类学位置的确定和基因定位提供一种重要依据。

【实验仪器和药品】

显微镜、镊子、剪刀、直尺、圆规、胶水。

【实验材料】

植物体细胞中期染色体制片。

【实验方法与步骤】

1. 染色体数目确定

在显微镜下观察 30 个以上的完整细胞，其中 85%以上的细胞所具有的恒定一致的染色体数目，为该物种染色体数目。如果观察材料系混倍体，则应如实记录其染色体数的变异范围和各类细胞的数量或百分比。

2. 染色体长度的测量

(1) 短臂长度为着丝粒到短臂端部的长度，长臂长度为着丝粒到长臂端部的长度。采用圆规加直尺进行染色体长度的测量，对弯曲的染色体进行长度测量时，应根据弯曲度分段测量，最后累加计算总长度。

(2) 染色体绝对长度一般宜在放大的照片或图像上进行测量，然后按下式换算：

$$\text{绝对长度} = (\text{放大的染色体长度} \times 1000)/\text{放大的倍数}$$

由于植物根尖细胞的分裂是不同步类型，所以同一张制片上不同细胞的中期染色体长度会出现不同的现象，为此，目前在染色体组型分析中采用相对长度作为比较值，而不是绝对长度值。

(3) 相对长度以 Levan(1964)的公式为准，按下式换算：

$$\text{相对长度} = (\text{所测量的染色体长度}/\text{染色体组总长度}) \times 100\%$$

(4) 染色体组总长度为整个染色体组全部染色体的长度总和。

3. 臂比值的计算

$$\text{臂比值} = \text{长臂}(q)/\text{短臂}(p)$$

4. 染色体类型分类

1985 年我国召开第一届全国植物染色体学术讨论会，会议讨论了关于植物核型分析的标准化问题，最后决定我国植物染色体类型的划分标准，采用以 Levan (1964)的两点四区系统为基础的分类方法，略加修改见表 13-4。

表 13-4　植物染色体着丝粒位置命名标准(1985)

臂比	类型	命名
1.00	正中部着丝粒	M
1.01~1.70	中部着丝粒区	m
1.71~3.00	近中部着丝粒区	sm

续表

臂比	类型	命名
3.01~7.00	近端部着丝粒区	st
7.01 以上	端部着丝粒区	t
∞	端部着丝粒	T

5. 染色体的编号与分组配对

大多数植物染色体编号时根据染色体的长度，按照从长至短的方式进行编号排序，最长的染色体编为 1 号，次长的 2 号，其余类推。

编号排序时，长度相等的染色体，以短臂长的排在前，短臂短的排在后。再根据相对长度、臂比值、随体有无等指标进行同源染色体的配对，各指标相同的染色体配为一对，用剪刀剪下图片上的染色体，分组配对排列，着丝粒排在同一直线上，短臂朝上，长臂朝下，见图 13-5。

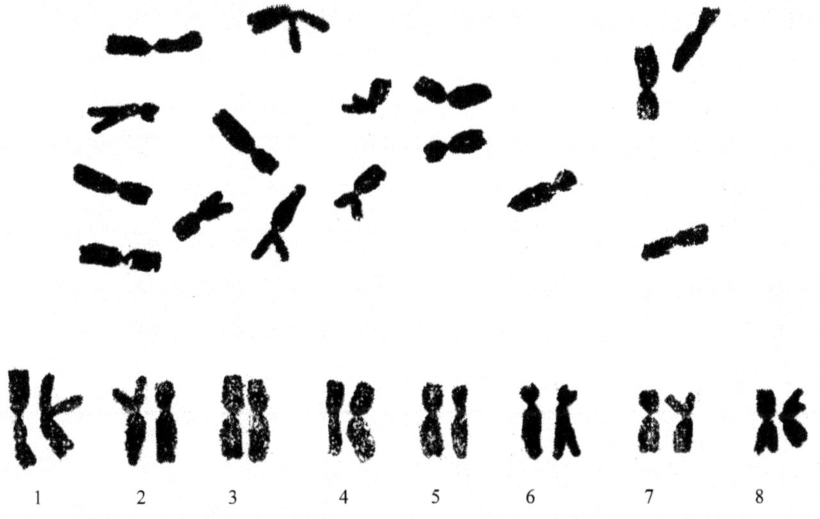

图 13-5　洋葱染色体组型分析配对模式图(李懋学和张敦方，1991)

对于如普通小麦等异源多倍体植物，其系统发生的亲本来源已清楚，则应根据其亲本的染色体组分别排列，如普通小麦即按 A、B、D 三组分别编号排列，而不是全部 21 对染色体统一顺序排列。

属于二型式染色体的植物，如中国水仙、芦荟等，见图 13-6 和图 13-7。由于其染色体可以明确区分成两类，则长染色体群按 L1.2…顺序排列，短染色体群按 S1.2…顺序排列。

图 13-6　库拉索芦荟(*Aloe vera*)的中期染色体

图 13-7　库拉索芦荟(*Aloe vera*)的二型式染色体(张明浩等，2005)

6. 填写染色体组型分析表

按照配对结果，计算每对染色体的相对长度、长臂、短臂与臂比值，填入表 13-5，并且写出每对染色体的类型。染色体是否具有随体、随体长度是否计入长臂或者短臂、染色体是否出现异常等则在备注中进行说明。具随体(或次缢痕)的染色体，应标明 sat，在表中染色体编号的右上方标记“*”作为记号。如果配成对的 2 条染色体分别为异源染色体或出现染色体结构变异现象，则应该在备注中说明。

表 13-5　××染色体组型分析表

染色体编号	相对长度/%	长臂	短臂	臂比值	染色体类型	备注
1						
2						
3						
⋮						
n						

7. 绘制染色体组型模式图

按照每对染色体平均相对长度，遵循从长到短、短臂朝上、长臂朝下的排列原则，绘出染色体模式图。具有随体的染色体，必须绘出随体。例如，蚕豆 6 号染色体短臂具随体，则在其模式图中绘出示意图，见图 13-8。

8. 写出染色体组型分析公式

染色体组型公式是综合前面分析的结果，将染色体组型的主要特征以公式表示。例如，芍药的核型公式：$2n=2x=10=6m+2sm+2st(Sat)$，表示该染色体组型分析采用体细胞，二倍体，染色体数目为 10，其中 6 条是中部着丝粒区染色体，2 条是近中部着丝粒区染色体，2 条是近端部着丝粒区染色体，而且具有随体。

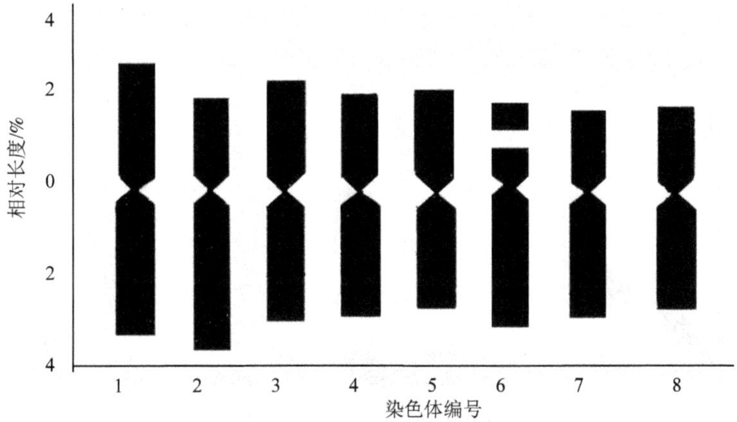

图 13-8　洋葱染色体组型模式图(李懋学和陈瑞阳，1985)

【注意事项】

1. 随体的长度是否计算在长臂或短臂内，没有统一规定，因此，应在组型分析表的备注中加以文字说明。

2. 如果染色体组型中有差异明显而恒定的杂合染色体对，则应分别测量每一成员的长度值和臂比值，分别列于表中，编号可以其中任一成员为准，并附加说明。

【实验报告与思考题】

1. 从待测图 13-9~图 13-11 中选择一张图进行染色体组型分析，写出组型分析公式。

2. 为何染色体组型分析中采用相对长度，而不用绝对长度来表示染色体的长度？

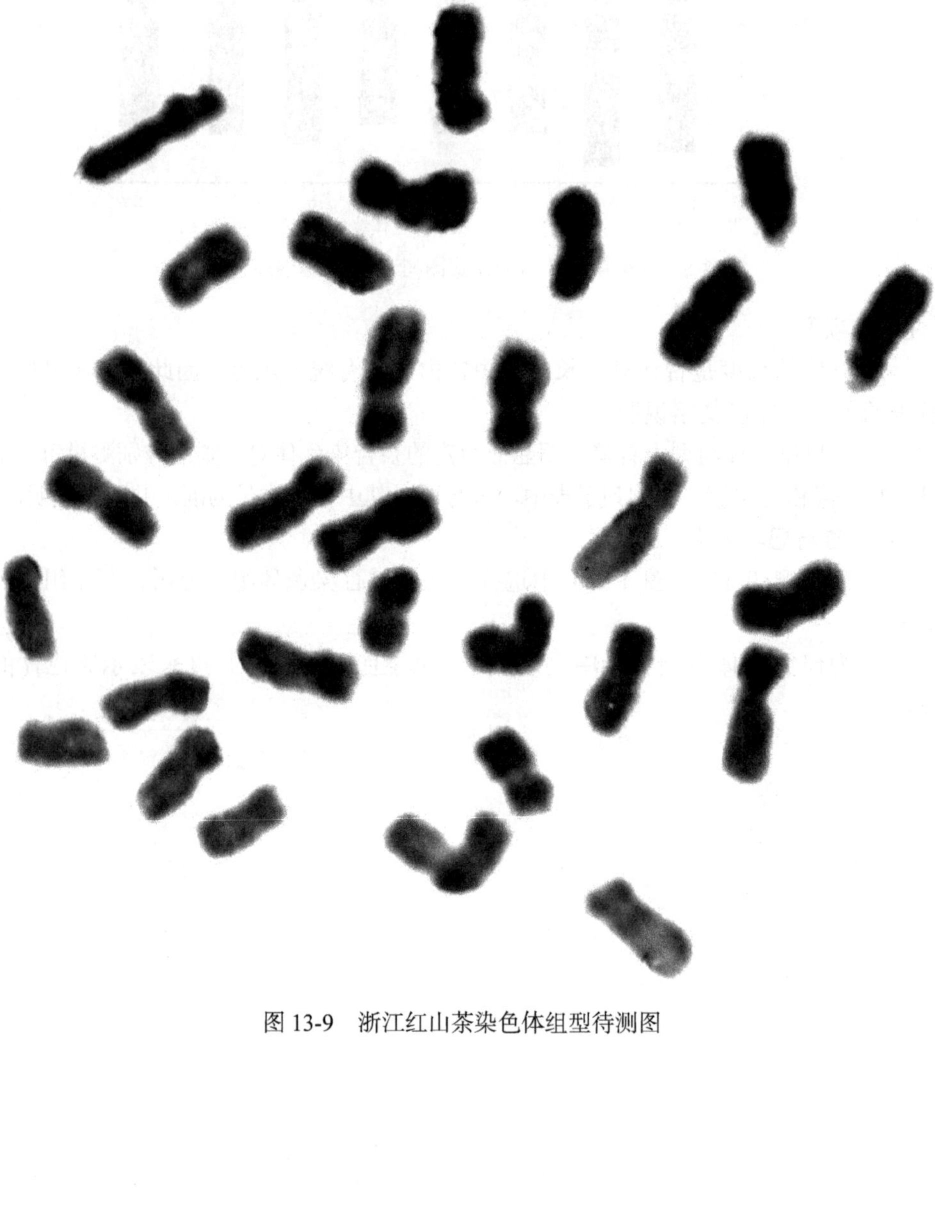

图 13-9　浙江红山茶染色体组型待测图

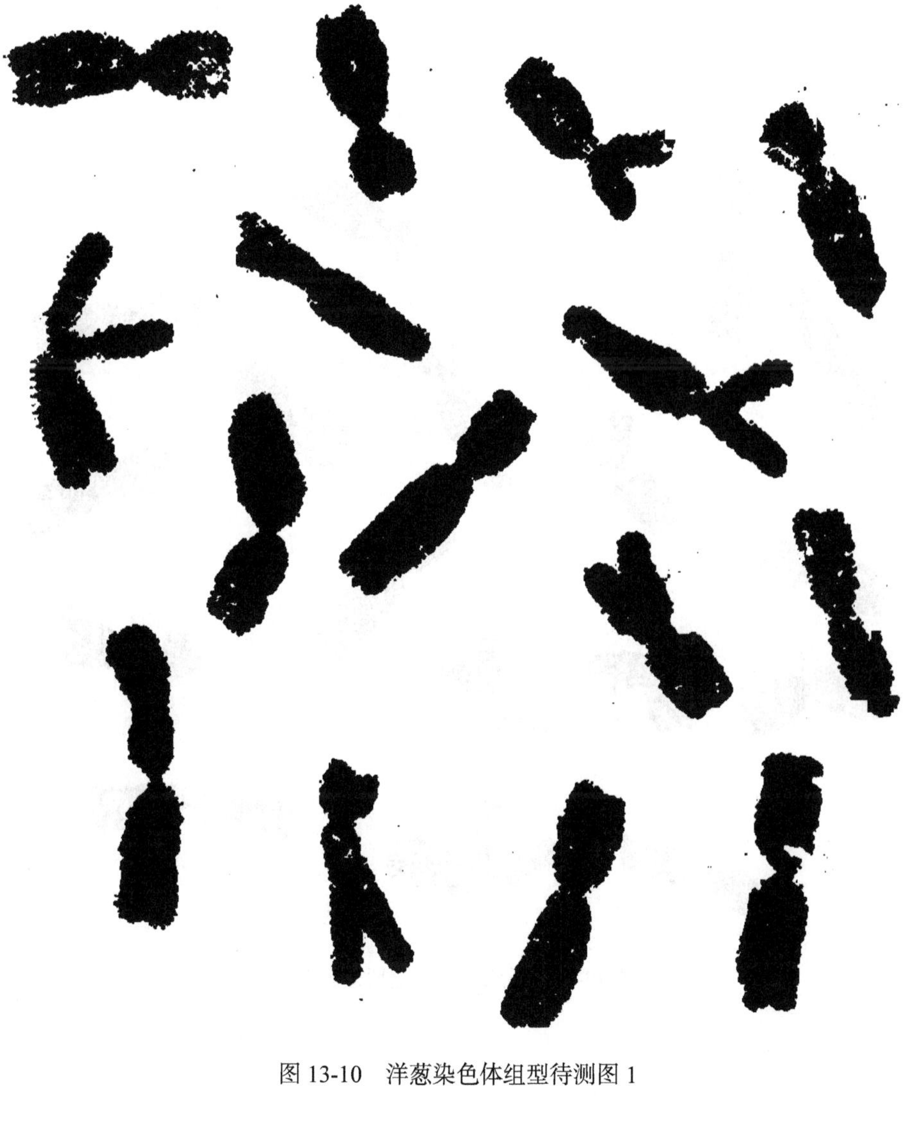

图 13-10　洋葱染色体组型待测图 1

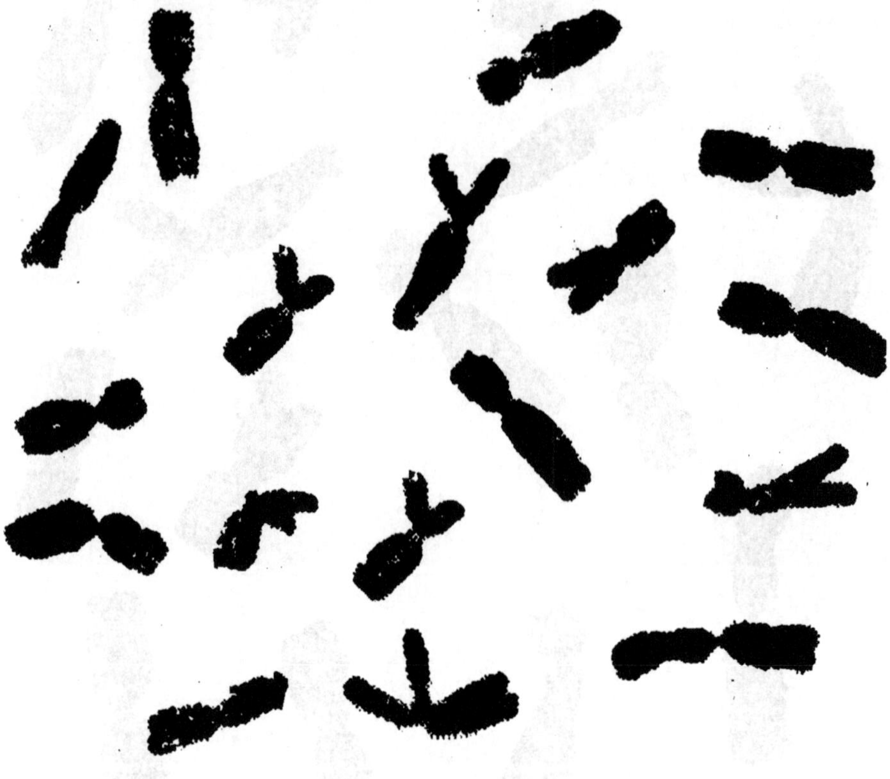

图 13-11　洋葱染色体组型待测图 2

实验 14　生物杂交与遗传分析

实验 14.1　果蝇性染色体基因连锁的遗传分析

【实验目的】

1. 正确理解伴性基因控制性状的遗传原理，并比较正、反交性状的差异。

2. 了解伴性遗传与常染色体遗传的区别。

【实验原理】

性连锁指性染色体上的基因所控制的某些性状总是伴随性别而遗传的现象，又称伴性遗传。果蝇属 XY 型，共有 4 对染色体，第 1 对为性染色体，其余 3 对为常染色体。雌果蝇的性染色体构型为 XX、雄果蝇为 XY。果蝇的红眼和白眼是一对相对性状，控制果蝇红眼和白眼的基因(*W*，*w*)位于果蝇的 X 染色体上，Y 染色体上没有相应的等位基因。当白眼雌果蝇和红眼雄果蝇杂交，F_1 雌蝇为红眼，雄蝇为白眼；F_2 中无论雌蝇和雄蝇，均半数为红眼、半数为白眼。如白眼雄果蝇和红眼雌果蝇杂交，F_1 均为红眼；F_2 中雌蝇均为红眼，雄蝇中半数为白眼、半数为红眼。

【实验仪器和药品】

1. 仪器

解剖镜、恒温培养箱、培养瓶、麻醉瓶、毛笔、滤纸、培养皿。

2. 药品

乙醚、玉米粉、琼脂、红糖、酵母粉、丙酸等。

【实验材料】

果蝇(*Drosophila melanogaster*)品系：

野生型(红眼)：X^+X^+(♀)，　　X^+Y(♂)

突变型(白眼)：X^wX^w(♀)，　X^wY(♂)

【实验方法与步骤】

1. 收集处女蝇

在做杂交前 8h 将培养好的实验材料中原有成蝇倒净，此后孵化出的雌蝇即为处女蝇。

2. 杂交

按正、反交组合，将处女雌蝇、雄蝇各 5~6 只，分别放入同一培养瓶中，仔细检查确认无误之后，粘贴标签，填写实验名称、亲本性状、杂交日期，在 25℃恒温箱中饲养。

3. 去除亲本

杂交 7~8 天以后，出现蛹，倒去亲本。

4. 观察 F_1

再过 4~5 天，观察 F_1 成蝇性状，同时记录 F_1 各种性状果蝇的数目，并填入表 14-1。

表 14-1　果蝇伴性遗传杂交结果统计表

世代	统计日期	正交：红眼(♀)×白眼(♂)				反交：白眼(♀)×红眼(♂)			
		♀		♀		♂		♂	
		红眼	白眼	红眼	白眼	红眼	白眼	红眼	白眼
F_1									
合计									
F_2									
合计									
百分比									

5. F_1 互交

选取 5~6 对 F_1 果蝇，转入一新培养瓶(不需处女蝇)，贴好标签，于 25℃培养。

6. 去除亲本

杂交 7~8 天以后，出现蛹，倒去 F_1 亲本。

7. 观察 F_2

再过 4~5 天，F_2 成蝇出现，开始观察，同时记录 F_2 各种性状果蝇的数目，并填入表 14-1。

8. 每隔 1~2 天统计一次，累计 6~7 天的数据

9. χ^2 检验

$$\chi^2=\sum\frac{(\text{观察值}-\text{理论值})^2}{\text{理论值}}$$

根据 χ^2 测定，查 χ^2 表，若 $P>0.05$，说明观察值与理论值之间的偏差是没有意义的，也就是说，可以认为观察值是符合假设的。

【注意事项】

1. 要求每组至少统计 250 只果蝇。

2. 正交、反交分别记录。

3. 释放亲本果蝇一定要干净。

【实验报告与思考题】

填写实验结果统计表并对统计结果做 χ^2 检验，看是否与理论比数相符；如不符，试分析其原因。

实验 14.2　果蝇基因的三点测交与基因定位

【实验目的】

1. 掌握三点测交的原理和方法。

2. 了解绘制遗传学图的原理和方法。

【实验原理】

基因在染色体上按一定的顺序和距离呈线性排列，位于同源染色体上的基因可发生交换，使子代出现一定数量的重组型。重组型出现的多少反映出基因间交换频率高低。基因图距就是通过重组值的测定而得到的。因此只要准确地估算出重组值，就能确定这些基因在染色体上的相对位置，绘出连锁遗传图。

两个基因在同一条染色体上呈连锁状态时基因间经常发生交换，如果分析三个连锁基因彼此间的相对位置和距离，则需要进行三次不同组合的双因子杂交实验。利用三点测交的方法，只需通过一次杂交和一次测交就能同时确定三个基因在染色体上的位置顺序及基因间的相对距离。

【实验仪器和药品】

1. 仪器

解剖镜、普通生物显微镜、高压灭菌锅、恒温培养箱、电子天平、培养瓶、麻醉瓶、滤纸片、棉花塞、牛皮纸、解剖针。

2. 药品

乙醇、乙醚、酵母粉、丙酸、玉米粉、绵白糖、琼脂条。

【实验材料】

果蝇(*Drosophila melanogaster*)两个品系，即

(1) 野生型：红眼、长翅、直刚毛；

(2) 突变型：白眼(white eye)、小翅(miniature)、焦刚毛(singed)。

【实验方法与步骤】

1. 收集处女蝇

在做杂交前 8h 将培养好的实验材料原有成蝇倒净，此后孵化出的雌蝇即为处

女蝇。

2. 杂交

选取所需三隐性处女蝇和野生型雄蝇 5~6 对，放入同一培养瓶中，仔细检查确认无误之后，粘贴标签，填写实验名称、亲本性状、杂交日期，在 25℃恒温箱中饲养。

3. 去除亲本

杂交 7~8 天以后，出现蛹，倒去亲本。

4. 观察 F_1

再过 4~5 天，观察 F_1 成蝇性状，可以观察到 F_1 雌蝇应全是野生型，而雄蝇是三隐性类型。假如不符合预期结果，实验不能盲目继续进行，要认真分析原因。

5. 测交

取 F_1 雌、雄蝇 7~8 对，放入另一新的培养瓶中。

6. 去除亲本

杂交 7~8 天后，当培养瓶中有足够的幼虫和蛹后，倒去亲本。

7. 观察 F_2

再过 4~5 天后，F_2 成蝇出现，观察眼色、翅形及刚毛形态。各类果蝇分别计数，要求每组至少统计 250 只果蝇。

8. 把观察到 F_2 8 种表型数量分别填入表 14-2。

9. 分别计算 *m-sn*、*w-sn*、*m-w* 基因组间的重组值，并画出遗传学图。

表 14-2　果蝇三点测交的杂交实验结果

测交后代表型	基因型	观察数	重组发生的位置		
			m-sn	*w-sn*	*m-w*
白眼小翅焦刚毛	*w sn m*				
红眼长翅直刚毛	+ + +				
白眼长翅直刚毛	*w* + +				
红眼小翅焦刚毛	+ *sn m*				
红眼小翅直刚毛	+ *sn* +				
白眼长翅焦刚毛	*w* + *m*				
红眼长翅焦刚毛	+ + *m*				
白眼小翅直刚毛	*w sn* +				
总计数					
重组值					

【注意事项】

1. 注意去掉亲本时一定要去除干净。

2. 三隐性突变型生活力相对比较弱，杂交时应适当增加亲本个体数。

【实验报告与思考题】

1. 填写实验结果统计表。

2. 确定三个基因的位置顺序，绘出连锁图。

实验 14.3　粗糙链孢霉的杂交与着丝粒绘图

【实验目的】

1. 通过粗糙链孢霉的赖氨酸缺陷型和野生型杂交实验，观察和分析其后代子囊孢子的性状表现，认识和验证分离与交换规律。

2. 掌握顺序排列的四分体的遗传学分析方法，进行有关基因与着丝粒距离的计算和作图，加深理解基因分离与连锁交换定律。

【实验原理】

粗糙链孢霉在分类学上属于真菌中的子囊菌纲、球壳目、脉孢菌属，通常称之为红色面包霉。其菌丝体是单倍的，每一菌丝中有几十个核。野生型的菌丝体里有两种分生孢子，小型的分生孢子里只有一个核，而大型的分生孢子里有多个核。当菌丝体的片段或萌发的分生孢子，经有丝分裂直接发育成菌丝体时即无性生殖。而有性生殖可以通过两种不同的方式进行，第一种方式是一种接合型菌株的分生孢子落在另一种接合型菌株的原子囊果的受精丝上，分生孢子的细胞核进入受精丝中形成异核体，分生孢子进入产囊体后核发生有丝分裂，最后接合型的核融合为合子核，与此同时进行减数分裂，形成 4 个单倍体核，即四分体。接着每个核又进行一次有丝分裂，使得每个子囊中排列了 8 个子囊孢子。第二种方式是两种不同接合型菌株的菌丝连接，细胞核发生融合形成合子核，接着进行减数分裂形成四分体，再进行有丝分裂形成子囊果和孢子，见图 14-1。成熟的子囊果呈黑色，大小约 20μm×200μm，在解剖镜下观察形状如甘蓝菜。打开子囊果里面的孢子如一串芝麻，有顺序地排列，每个子囊孢子大小约 15μm×25μm，见图 14-2。

因为粗糙链孢霉的子囊孢子是单倍体细胞，由此发育的菌丝体都是单倍性的细胞，并且它们是减数分裂的产物，所以两个相对性状可以直接表现出来。在相同的时间里，红色面包霉野生型的子囊孢子成熟后颜色为黑色，而赖氨酸缺陷型的子囊孢子因需要更长的时间才会成熟，所以颜色呈灰色。应用赖氨酸缺陷型和野生型面包霉进行杂交，所产生的 F_1 子囊孢子中就会出现 4 个黑色(+)和 4 个灰色(–)，分离的比例为 1∶1，在杂交的子囊孢子中黑色和灰色的排列比例顺序有以下 6 种：交换型子囊和非交换型子囊，子囊中的子囊孢子+和–的比例为 4∶4。但是在观察时有时会出现异常的排列顺序，如 6∶2、2∶6、3∶5、5∶3 的类型，这是发生了基因转变的缘故。不同类型的子囊见附录 5-2 图谱。

＋＋＋＋－－－－
－－－－＋＋＋＋
第一次分裂分离子囊(非交换型或 M I 类型)

＋＋－－＋＋－－
－－＋＋－－＋＋
＋＋－－－－＋＋
－－＋＋＋＋－－
第二次分裂分离子囊(交换型或 M II 类型)

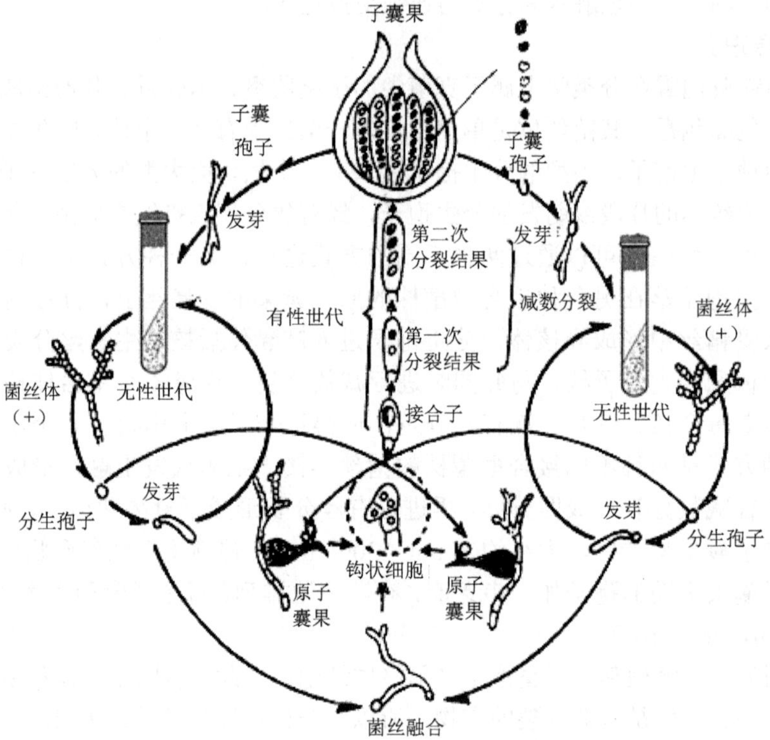

图 14-1　粗糙链孢霉生活史(河北师范大学等，1982)

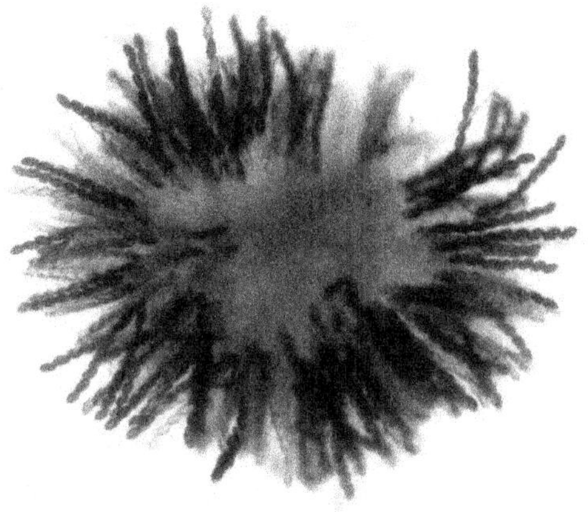

图 14-2　子囊果中的子囊孢子

用粗糙链孢霉进行遗传学分析有以下几个特点。

(1) 个体小，生长快，容易培养。

(2) 可进行有性生殖和无性生殖，杂交后可以产生很多的后代，为本科实验提供很好的实验材料。

(3) 染色体与高等生物一样，所得的结果可以用在遗传学上。

(4) 无性的后代是单倍体，没有显隐性，表型上就反映了它的基因特性。

【实验仪器和药品】

1. 仪器

解剖镜、显微镜、钟表镊、解剖针、接种环、载玻片、试管。

2. 药品

马铃薯、玉米粒、绵白糖、琼脂、赖氨酸、95%乙醇。

【实验材料】

粗糙链孢霉野生型菌株(Lys^+)与粗糙链孢霉赖氨酸缺陷型菌株(Lys^-)。

【实验方法与步骤】

1. 菌株活化

(1) 培养基的制备：将马铃薯去皮取 100g 切成 1cm 大小，加水 500ml，煮熟，用纱布过滤，在滤液中加 2%的琼脂、10g 白糖，煮溶后在其中的 200ml 液体中加入 8~16mg 的赖氨酸，然后分装在小试管中，贴上野生型和缺陷型标签，塞上棉花塞。55.2kPa 灭菌 30min，取出摆成斜面。

(2) 将保存的野生型(Lys^+)和缺陷型(Lys^-)菌株取出回温后，在无菌工作台上将野生型和缺陷型菌种分别接入各自的培养基中，放入 28℃恒温培养箱培养 5~7 天时，可以观察到菌丝上部有分生孢子产生。成熟菌株的菌丝上部可以看到红粉状的孢子，这样的菌株可以用来杂交。

2. 接种杂交

(1) 杂交培养基的制备：将玉米浸软，破碎，每试管放 2~3 粒，加入少量琼脂(0.1g 左右)，塞上棉花塞，55.2kPa 灭菌 30min，取出摆成斜面。

(2) 在无菌操作台上先将接种环烧红灭菌，冷却后分别挑取活化了的缺陷型(Lys^-)菌株的菌丝或分生孢子接于杂交培养基中，然后用接种环将野生型(Lys^+)菌株的菌丝或分生孢子接于同一杂交培养基中，让两种菌株杂交，接好后塞上棉塞。在接种时，试管口应尽量靠近火焰，避免污染。接种完后接种环放在酒精灯上烧红灭菌，然后在试管上贴上标签，写明亲本菌株及杂交日期。将接种好的试管放在 25℃恒温培养箱。在杂交后 5~7 天就能看到棕色的原子囊果出现，培养 14 天左右培养基上会出现棕黑色的子囊果，可随时取一些子囊果压片放在解剖镜下观察。当压片子囊果里出现棕色和黑色的子囊孢子时就可以用 95%的乙醇将该杂交的子囊果杀死，然后用 70%的乙醇固定，存储在 4℃冰箱中。在培养中要注意掌握时间，如果时间不够，子囊中的孢子还未成熟呈白色；如果时间过长，则孢子全部呈黑色，无法区别交换型和非交换型孢子。

(3) 粗糙链孢霉杂交实验步骤见图 14-3。

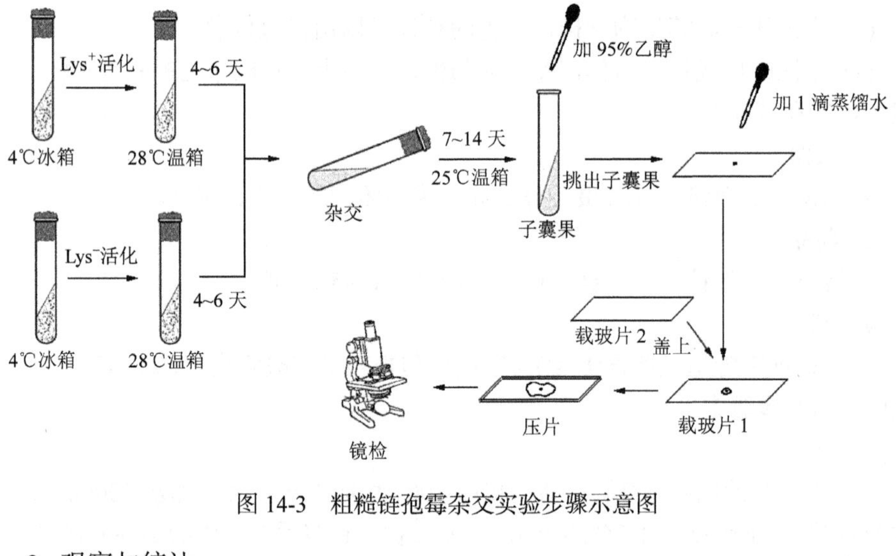

图 14-3 粗糙链孢霉杂交实验步骤示意图

3. 观察与统计

将装有子囊果试管里的乙醇倒掉，用钩针取一块附着有子囊果的培养基。取一载玻片，用镊子在培养基上夹出子囊果放在载玻片上，滴上一小滴水，然后用镊子柄适当用力平压子囊果，让子囊果呈放射状逸出，放到显微镜下观察。

4. 计算交换值

30 个子囊，计算着丝粒与有关基因的重组值。由于一个子囊发生交换后，产生的孢子中仅有一半是交换的，另一半是非交换的。所以在计算着丝粒与有关基因的重组值时可用下式计算：

$$\text{基因与着丝粒间重组值}=\frac{\text{交换型子囊数}}{\text{子囊总数(交换型+非交换型)}}\times 1/2\times 100\%$$

例如，有 9 个子囊对 Lys^-基因是非交换型，5 个子囊对是 Lys^-基因交换型。则

$$Lys^-\text{基因与着丝粒间重组值}=5/(5+9)\times 1/2\ \ \times 100\%\ =18\%$$

表明 Lys-基因与着丝粒间距离为 18cM。

5. 着丝粒作图

根据基因与着丝粒间重组值进行着丝粒作图。

例如：

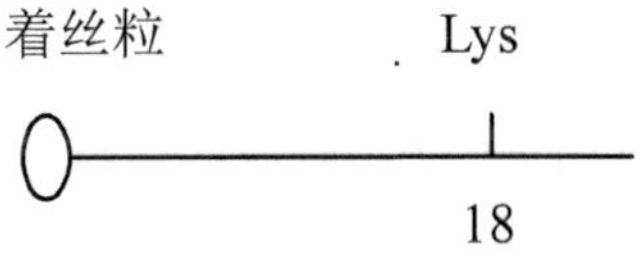

【注意事项】

1. 接菌用过的实验材料，要经过 5min 以上煮沸后才能倒掉，不要将未处理的菌株随意放置，避免孢子或菌丝体扩散，污染环境。

2. 用过的器具包括接种环、解剖器、载玻片等要用酒精灯或煮沸等方法灭菌。

【实验报告与思考题】

1. 观察并记录杂交后出现的子囊类型，并计算出交换值，进行着丝粒作图。

2. 比较说明红色面包霉的分离与交换和高等动、植物的不同。

3. 画出你观察到的不同类型的子囊图。

第 3 部分　开放研究性实验

实验 15　遗传毒理学

【实验目的】

给学生提供一个创新性设计实验的锻炼机会，培养学生的探索性思维、集体创性造思维和创新精神，并学会综合利用各种实验技术来测定和评价不同物质的遗传毒性，以及进行遗传损伤修复的相关研究。

【实验原理】

遗传毒理学作为一门独立的学科始于 1969 年，主要研究化学物质和辐射等环境因子诱发的致突变效应。生物接触诱变剂后，如果引起生殖细胞的突变率增加，可导致子代的遗传性疾病的发生率增加；如果引起体细胞突变，则可导致接触个体出现各种异常状况，最显著的是肿瘤。因此，遗传毒性评价和测试是遗传毒理学的重要组成部分，遗传毒性效应受到毒理学家们的高度关注。

遗传毒性实验不仅在我国各种新药、农药、工业化学品、食品、化妆品及消毒剂等的开发研制过程中被正式列入安全性评价准则或测试规范，而且在人类环境的现场监测、人群健康监测及遗传毒性与疾病、肿瘤的流行病学调查等方面均得到了充分的应用。

目前，在遗传毒性评价和测试方面已建立了许多生物效应标志物，常用的细胞遗传学标志物主要有：细胞染色体结构畸变、染色体数目变异、姐妹染色单体交换、微核、荧光原位杂交，近年来又增加了单细胞电泳(彗星实验)等。利用植物、昆虫、水生动物等的细胞生物效应标志物可以现场监测水源、空气及环境中各种遗传毒物的存在。为此，发展了紫露草、蚕豆根尖、鱼的遗传毒性实验方法及 Ames 空气现场采样方法等。此外，在各种测试系统中，真核类的测试系统更能直接推测诱变物质对人类或其他高等生物的遗传危害。在这方面，微核测试是一种简单易行的、比较理想的方法。

微核(micronuclei，MCN)是真核类生物细胞中的一种异常结构，往往是细胞经辐射或化学药物的作用而产生的。微核通常是由有丝分裂后期或减数分裂后期丧失着丝粒的断片，或者一条或几条落后的染色体形成的。这些断片或染色体在细胞分裂末期被两个子细胞核所排斥便形成了第 3、第 4 或第 5 个核块。许多实验证实了诱变物的剂量与微核率的高低及染色体畸变率成正相关。因此，可以通过测定动植物的微核率和染色体畸变率来评价各种物质的遗传毒性。

由于各种诱变物质对生物的诱变效应不同，其范围可从一个或几个 DNA 碱基对到染色体结构或数目的大改变，有的出现染色体断裂，有的导致染色体不均等分离，有的表现为染色体交换异常，有的抑制微管蛋白合成。因此，生物细胞除了出现微核外，还会产生染色体结构畸变(缺失、重复、倒位和易位)、染色体数目变异(非整倍体或多倍体)、DNA 断裂等现象，严重时会出现核破碎、细胞凋亡。这些现象既可作为评价各种物质遗传毒性的标准，也可用来研究不同诱变物质的诱变机制。

本实验主要介绍如何应用常用的细胞遗传学标志物引导学生开展不同诱变物的遗传毒性检测和诱变机理的研究。围绕上述的研究内容，为学生提供一个独立设计、独立创新、独立操作的实验平台。实验内容涉及的知识面广而多，既涉及细胞的有丝分裂、减数分裂各个过程，又涉及染色体的结构变异、动植物的生活史、环保、生态、生理生化、有机和无机化学及数理统计等相关知识。通过该实验可以多方位地培养学生的探索性思维、集体创造性思维和创新精神，并学会综合利用各种实验技术来测定和评价不同物质的遗传毒性。

【实验仪器和药品】

1. 主要仪器

恒温培养箱、光照恒温培养箱、数码显微镜(或显微镜＋数码相机)、水浴锅、电子天平、冰箱、干燥箱、镊子、载玻片、盖玻片。

2. 主要药品

(1) 卡诺固定液：冰醋酸 1 份：无水乙醇 3 份。

(2) 解离液：100ml 盐酸原液、85ml 95%乙醇。

(3) 保存液：75%乙醇。

(4) 染色液：碱性品红(苯酚品红)或改良碱性品红染液(改良苯酚品红)、10% Giemsa 染色液、瑞氏染液。

【实验材料】

蚕豆根尖、紫露草的幼嫩花序、小白鼠骨髓细胞、泥鳅外周血红细胞等。

【实验步骤与方法】

在本实验中，由教师负责指导学生围绕遗传毒理学的内容，进行不同研究方向的资料检索、实验项目设计和审查学生所提出的实验项目的可行性，并对学生在实验中出现的疑难问题给予必要的帮助。

1. 实验步骤

(1) 资料检索：指导学生通过对相关文献库，如维普资讯——中文科技期刊数据库、清华期刊全文数据库、万方硕博论文数据库等的检索，进行资料查询、汇总。

(2) 研究课题和技术路线的确定：在资料检索的基础上，学生确定所研究课题和技术路线，提交指导教师审核，而后学生根据教师意见修改研究课题、技术路线和研究内容。

(3) 按照技术路线开展前期预实验和正式实验：准备相关的实验材料，配制试剂药品进行预实验，根据预实验的结果调整和确定正式实验的方法与步骤，开展正式实验。教师对学生在实验中出现的疑难问题给予必要的指导帮助和解答。

(4) 实验结果与数据的整理分析：统计微核率时每个处理观察 2000 个细胞，3 个重复。实验数据采用数理统计分析。

微核的识别标准：

1) 在细胞间期，微核呈圆形或椭圆形，游离于主核之外；

2) 大小应在主核 1/3 以下；

3) 微核的染色与主核接近或者稍浅；

4) 在显微镜下，微核最清晰的图像焦距与主核一致。

微核率的计算：

$$\text{微核率}=\frac{\text{所检测样品观察到的微核数}}{\text{所检测样品观察到的细胞数}}\times 1000‰$$

染色体畸变率的计算：

后期桥、落后染色体、染色体断裂、染色体不均等分裂、染色体数目异常和多联体等均计为染色体畸变。

$$\text{染色体畸变率}=\frac{\text{所检测样品观察到的染色体畸变数}}{\text{所检测样品观察到的细胞数}}\times 1000‰$$

污染指数的计算：

$$\text{污染指数}=\frac{\text{所检测样品微核率平均值}}{\text{对照组微核率平均值}}$$

1) 污染指数为 0~1.5，基本没有污染；

2) 污染指数为 1.5~2，轻度污染；

3) 污染指数为 2~3.5，中度污染；

4) 污染指数为 3.5 以上，重度污染。

(5) 实验报告撰写：按照论文写作格式撰写，见附 1。

(6) 学术交流：各小组将研究课题制作成多媒体进行学术汇报交流，其他小组的成员和老师可以对正在汇报的小组中的任何一个成员提问，通过交流答辩可以使学生了解其他组的研究情况，拓宽视野，增长知识面，达到全面提高综合素质的目的。

(7) 实验成绩的评估：本实验成绩的评定采用综合评估法。小组实验成绩评定由各组选出一名成员和教师一起参加，根据交流答辩的情况和研究内容的创新性、应用性、实验结果可信度和准确性、基础理论知识掌握程度、论文写作格式、集体参与积极性、多媒体制作和表达能力等 7 个指标制定不同的评分标准对各组进行逐项评分(附 2)，统计时将所评定的最高分和最低分除外，计算出平均分作为该小组的成绩。在小组成绩的基础上，根据每个人参与实验情况和论文写作情况进行加减，作为个人参与该实验的成绩。

2. 实验要求

(1) 分组和确定实验内容：给学生选择实验的自主性，让学生按照自己的兴趣和能力，自行分组，检索资料，综合利用学过的知识，选择不同的实验材料(如鱼类、哺乳动物、植物等)，围绕遗传毒理学内容自行设计不同的实验方案。但要求实验方案除了要具备可行性和一定的创新性之外，还必须理论联系实际，为实际生产服务。

(2) 发扬团队协作精神，加强独立能力训练：实验以组为单位开展，但是每个学生都要按照小组的分工独立完成自己研究的内容。这样分工又合作，除了有利于学生集体讨论、群策群力、培养团队协作精神，还有利于加强个人综合素质的锻炼。

(3) 培养学生的动手能力、探索精神和创新精神：本实验要求学生对自己设计的实验方案中所用的一切药品试剂，都要自行查出配方，进行配制；对于一些不能现配现用的特殊试剂，学生也必须自行配好后拿来与老师预先配制的可以使用的试剂对换。

鼓励学生不拘泥于旧的实验方法，大胆进行实验方法的改革，以达到最佳的实验效果。

(4) 提倡严谨求实的精神：本实验要求学生在实验中一定要实事求是，不允许任意窜改实验数据，以求通过实验。对于失败的实验，如果来不及重做，只要学生能将失败的原因找出分析清楚，提出以后应采取的措施，该实验就算通过。

3. 不同材料的实验范例

(1) 利用紫露草的减数分裂监测诱变物的遗传毒性

1) 选取健康有花序的紫露草约 15cm，每枝顶端有 2~3 片叶子，端部切成楔形备用。

2) 将印染厂或电镀厂污水和垃圾渗滤液等作为 100%原液，按照 100%原液、75%原液(蒸馏水或去离子水稀释)、50%原液等设置成不同浓度作为处理液；也可以根据预实验的结果，另行设置其他不同浓度作为处理液。每个处理设 3 个重复，以蒸馏水或去离子作为对照。

3) 切取 10~15cm 带有花序的紫露草花枝，插入不同处理液中，室温自然光下染毒培养。培养时间 24~96h，每个处理插 10 枝花序，分不同处理时间段(或者固定一个时间)取材。

4) 用卡诺固定液固定经过处理后的花序 2~24h，转入 75%乙醇中保存。

5) 选取大小适宜的花，剥出花药涂片，用改良石炭酸品红染色 2~5min，镜检，显微拍照。统计四分体时期细胞微核率和各个不同时期染色体畸变率(后期桥、落后染色体、染色体不均等分裂、染色体数目异常和多联体等，图 15-1~图 15-12)，每张片子选取 5 个不重叠的观察视野，每个处理要求至少观察 2000 个细胞，3 个重复。

6) 对镜检所得数据进行统计分析。

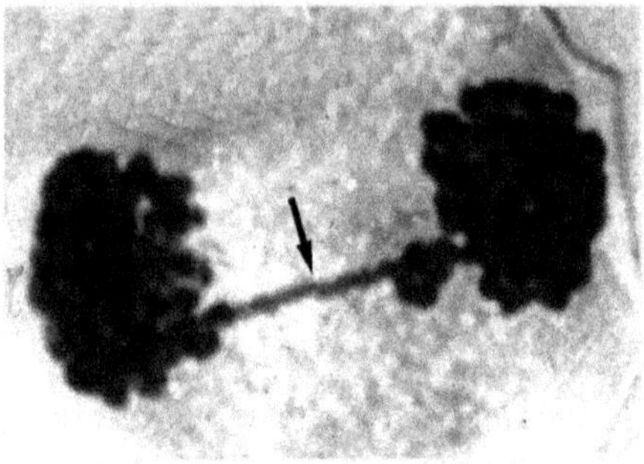

图 15-1　后期 I 染色体桥

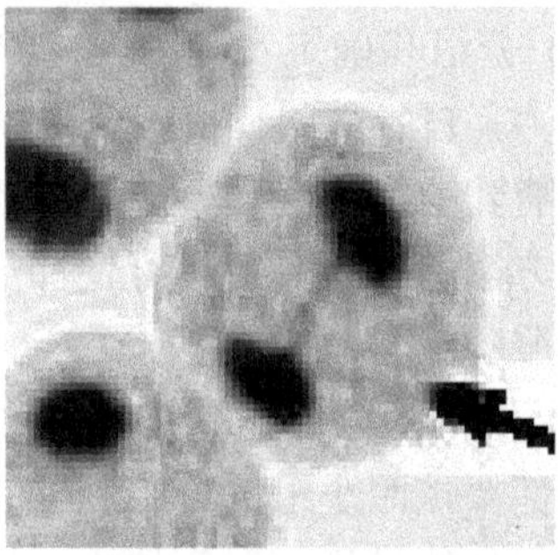

图 15-2　后期 I 染色体桥

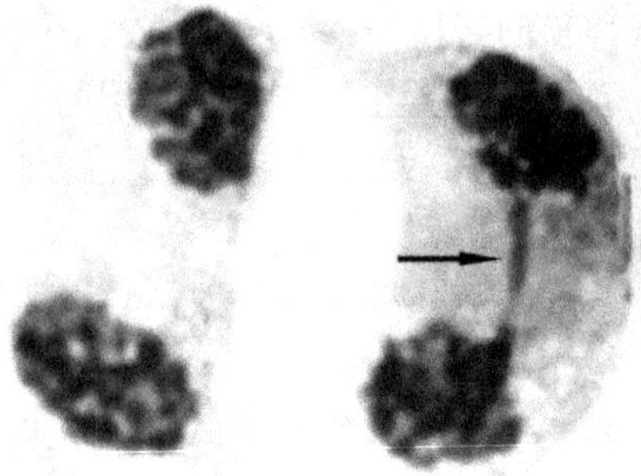

图 15-3　后期 II 染色体桥

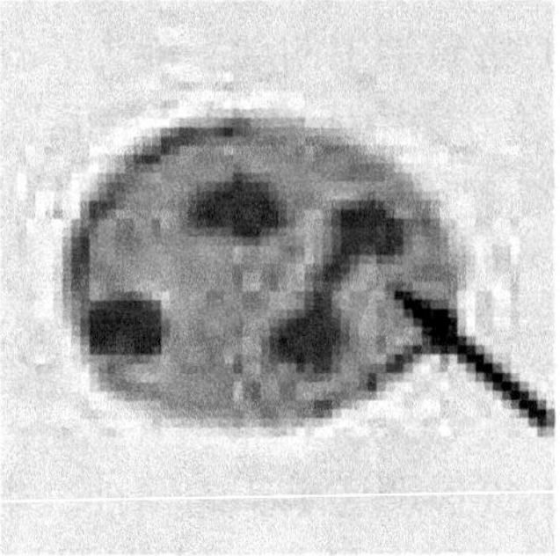

图 15-4　后期 II 染色体桥

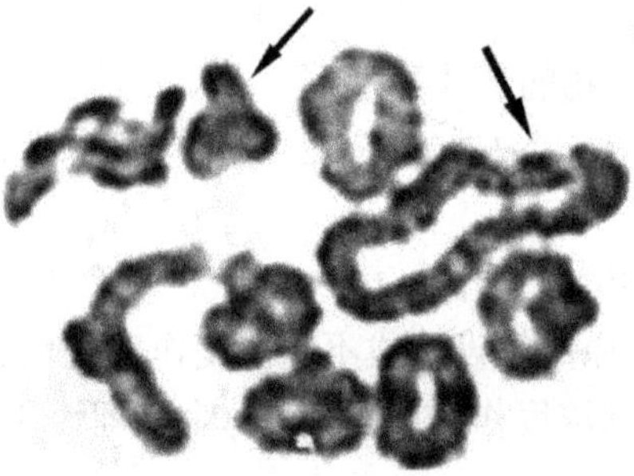

图 15-5　多联体与 T 形配对染色体

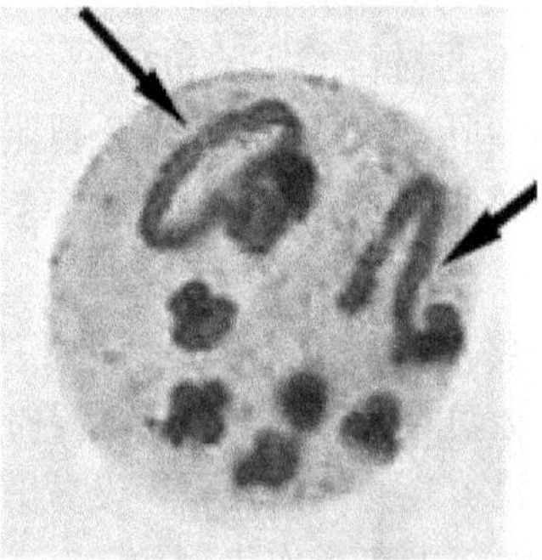

图 15-6　多联体与 C 形配对染色体

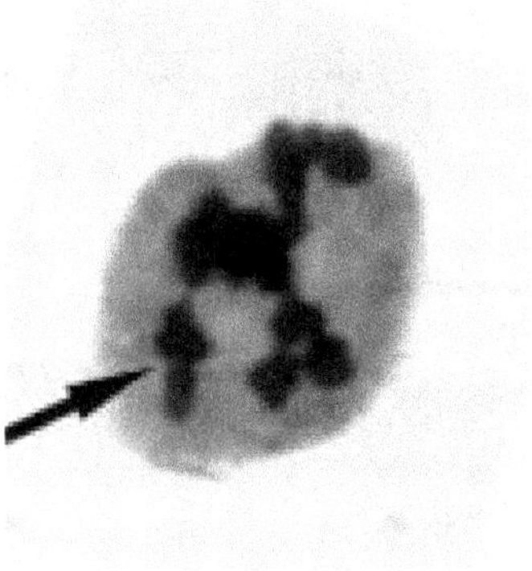

图 15-7 十字形配对染色体

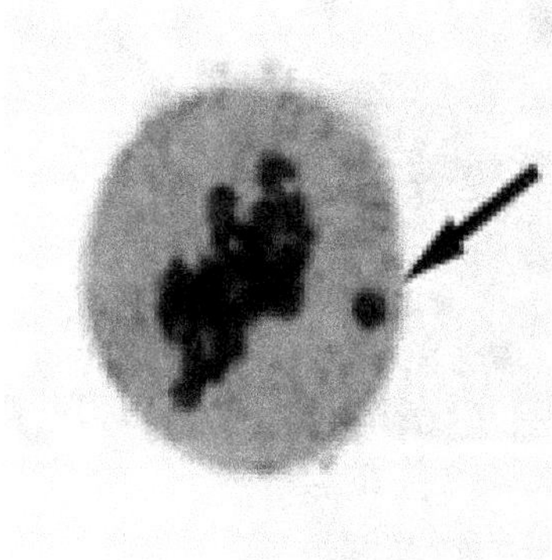

图 15-8 落后染色体

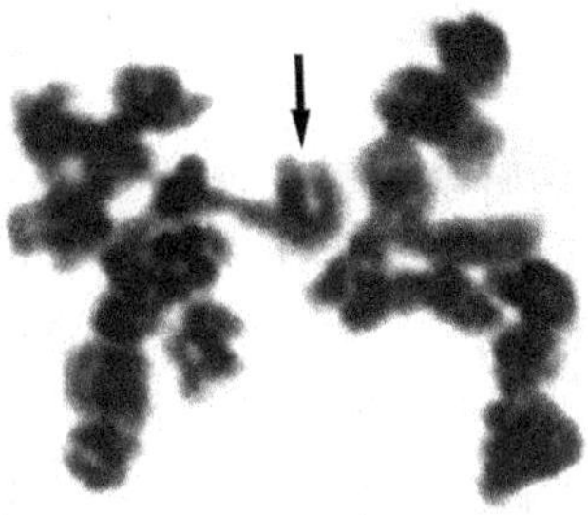

图 15-9 落后染色体

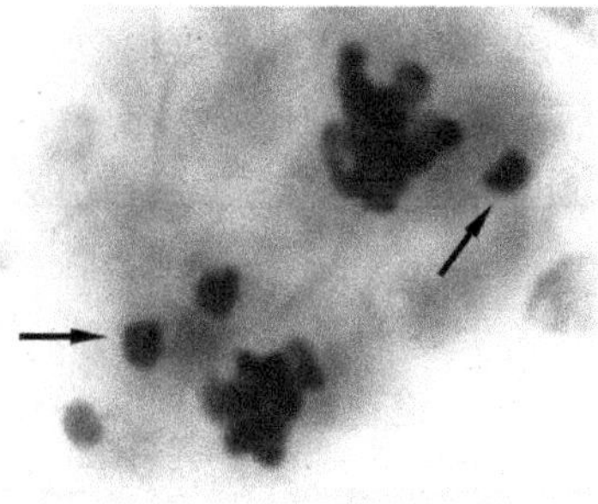

图 15-10 落后染色体

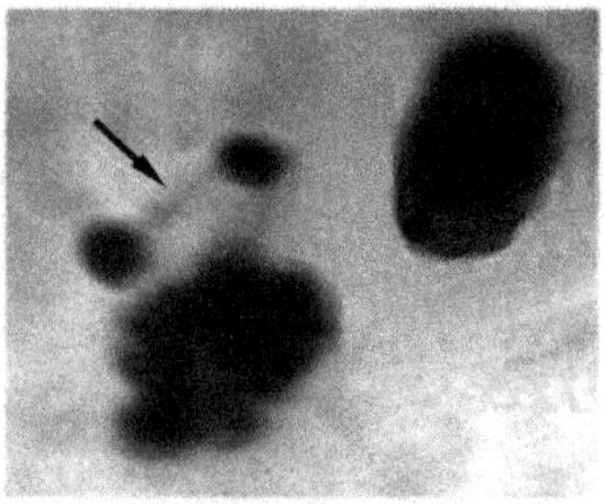

图 15-11 连丝双微核

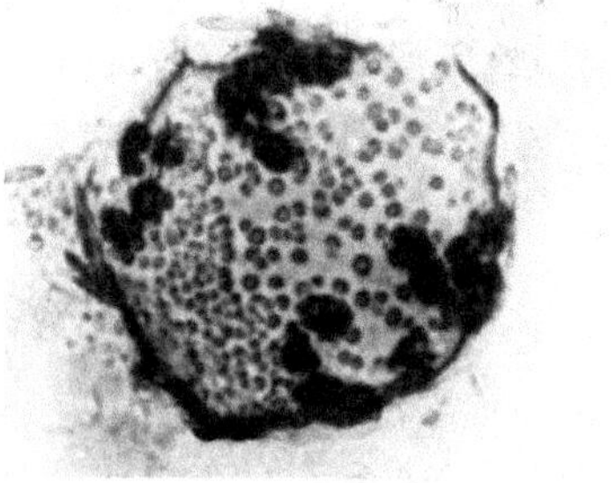

图 15-12 不均等分裂

(2) 利用蚕豆的根尖细胞监测诱变物的遗传毒性

1) 选择颗粒饱满、大小一致的蚕豆，40℃温水浸种 3~4h。取出蚕豆置于盛有一定量沙子的培养杯中催根育苗。沙子的湿度以用手握紧沙子不会滴水、松手后沙子还是一团为宜。

2) 待主根长到 1.0~1.5cm 时，剪掉主根尖 0.5cm，待侧根长 1.0~1.5cm 时，将蚕豆根浸入不同浓度的处理液中进行染毒处理。染毒处理液的配制详见上述紫露草诱变物检测 3.27，每个处理设 3 个重复，对照用蒸馏水或去离子水。

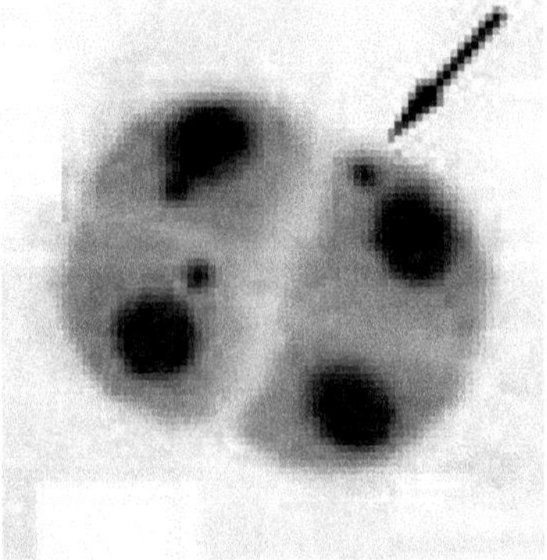

图 15-13　四分体微核

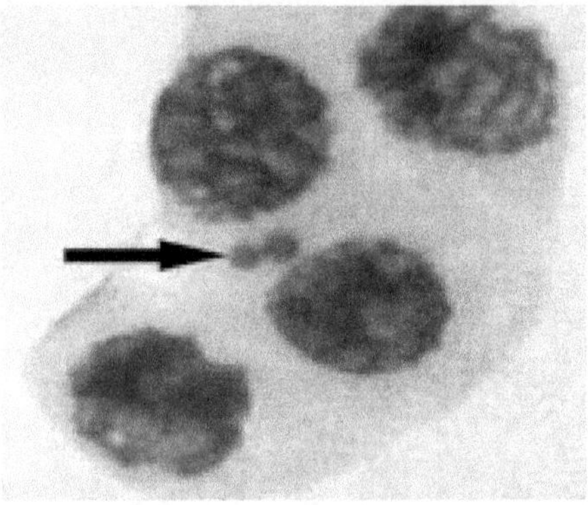

图 15-14　双微核

3) 按照不同的染毒处理时间段切取根尖，用卡诺固定液固定所取的材料 2~24h，转入 75%乙醇中保存。

4) 取出处理好的蚕豆根尖，切除伸长区，用解离液解离 5~10min(具体时间视根尖大小进行调整)至根尖软化，用蒸馏水水洗根尖 3~5 次，每次 1~2min。

5) 水洗干净的根尖用滤纸吸去水分，对切开，用改良石炭酸品红染色 20~30min，压片镜检，显微拍照。统计微核率、染色体畸变率(后期桥、落后染色体、染色体不均等分裂和染色体数目异常等)，每张片子选取 5 个不重叠的观察视野，每个处理要求至少观察 2000 个细胞，3 个重复。蚕豆细胞的不同变异类型见图 15-15~图 15-30。

6) 对镜检所得数据进行统计分析。

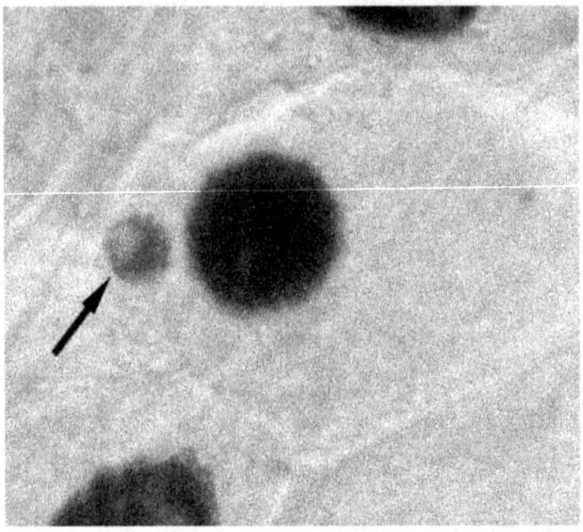

图 15-15　单微核

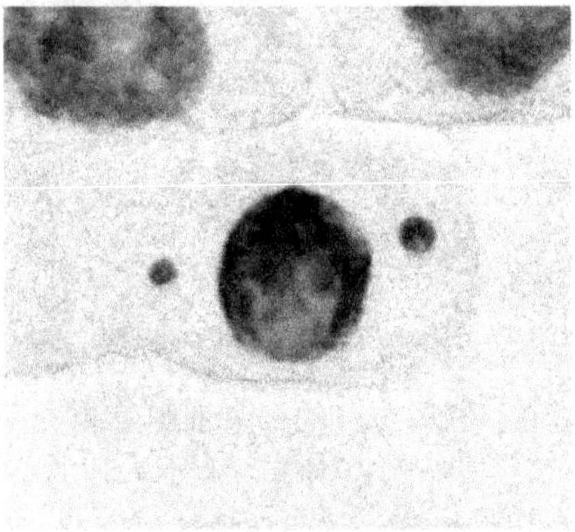

图 15-16　双微核

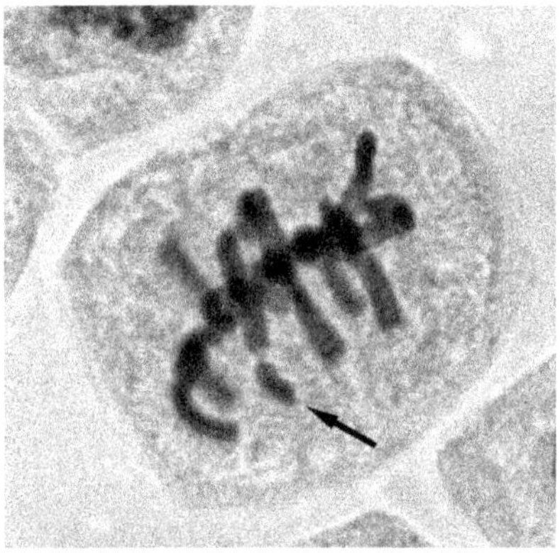

图 15-17 中期染色体断片

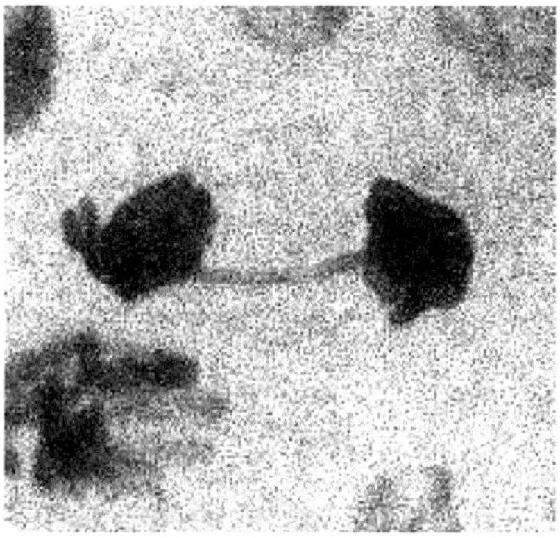

图 15-18 后期单桥

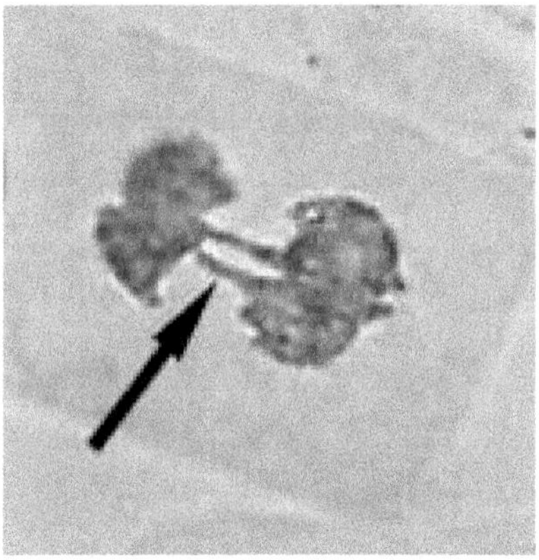

图 15-19 后期二桥

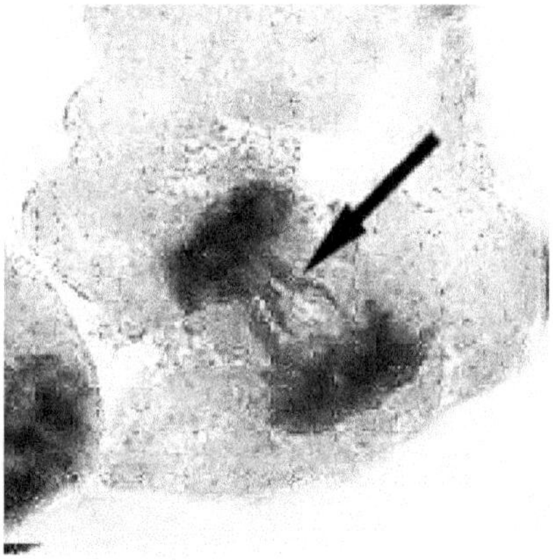

图 15-20 后期三桥

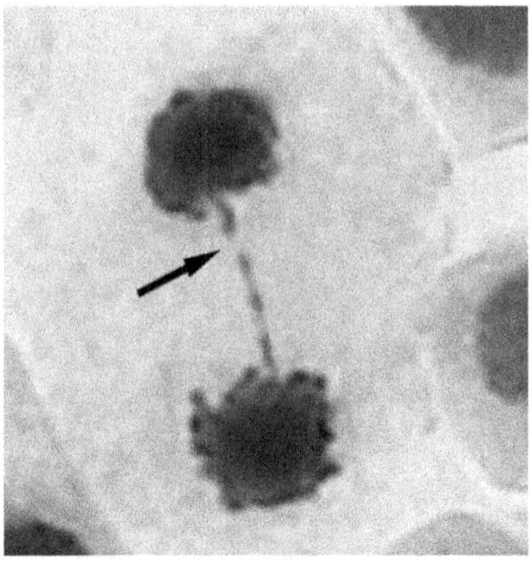

图 15-21 后期桥断裂

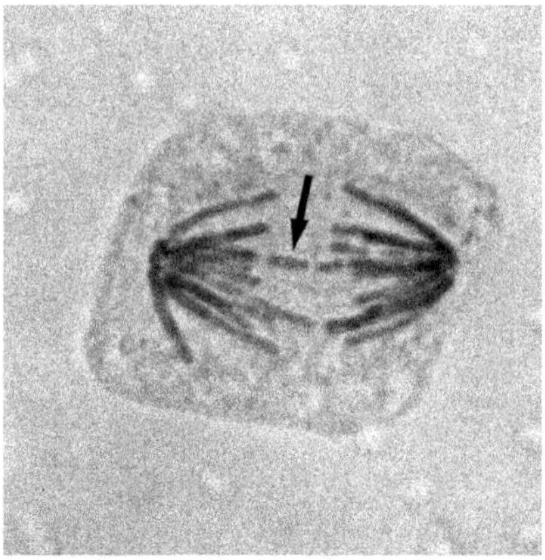

图 15-22 后期染色体断片

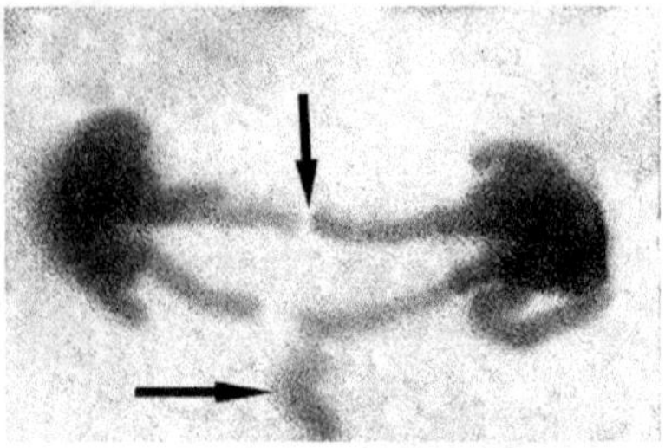

图 15-23　后期二桥断裂与染色体断片

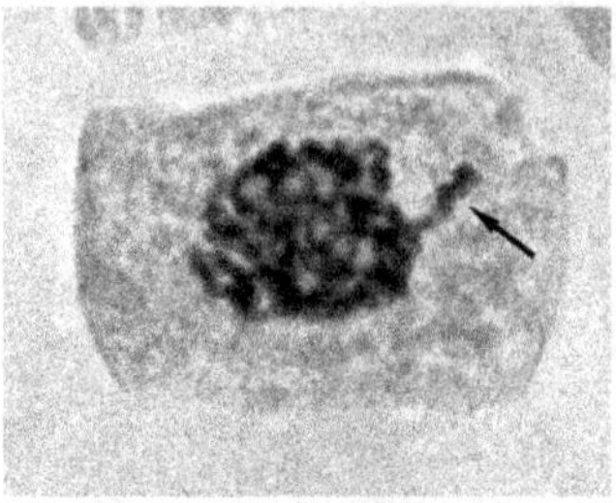

图 15-24　落后染色体

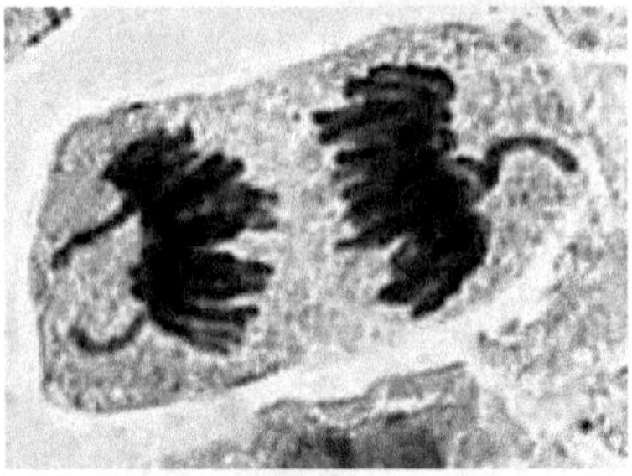

图 15-25　落后染色体

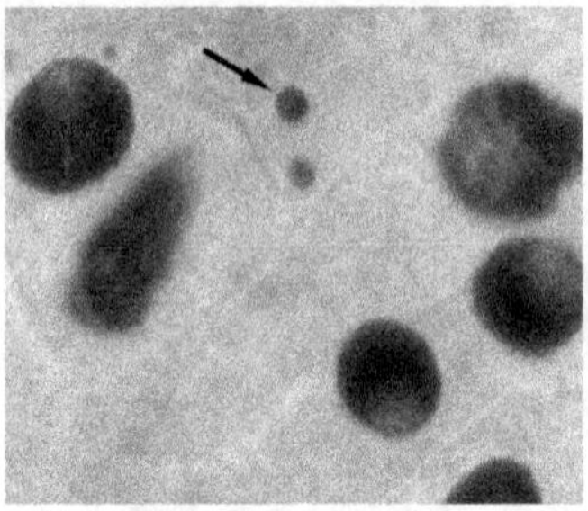

图 15-26　排斥出核外的双微核

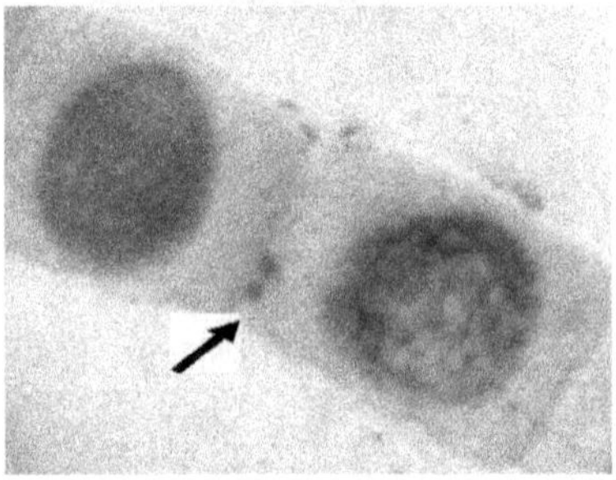

图 15-27　排斥出核外的双微核

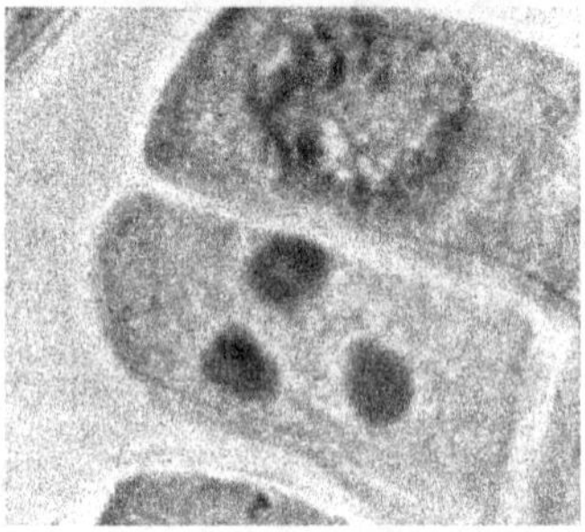

图 15-28　三核细胞

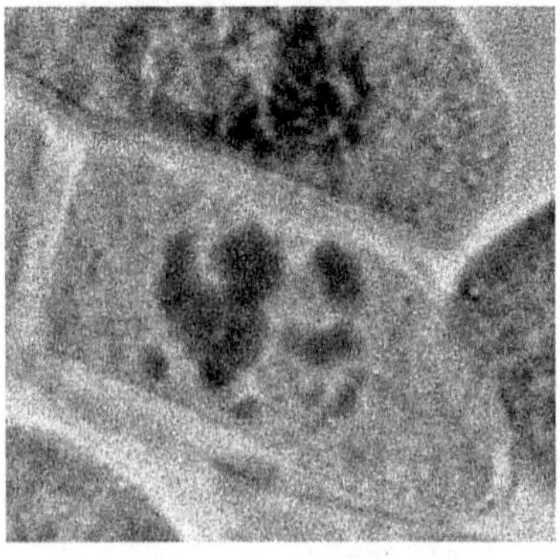

图 15-29　核裂解

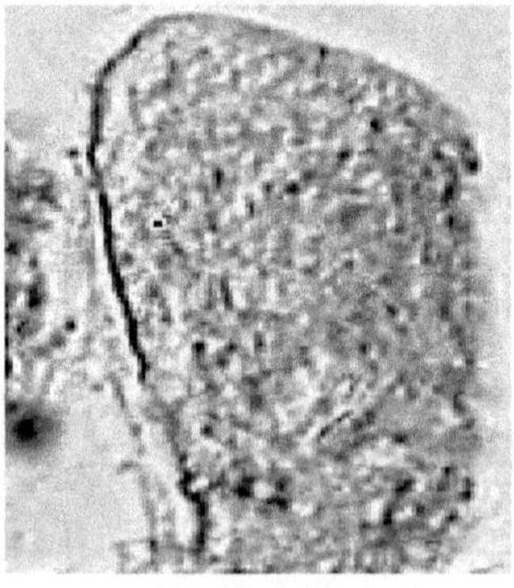

图 15-30　无核细胞

(3) 利用泥鳅红细胞监测诱变物的遗传毒性

1) 挑选健康活泼、体表无损、体长(12±2)cm 的泥鳅(*Misgurnus anguillicaudatus*)作为实验鱼。

2) 用曝气 3 天的自来水配制各种浓度的染毒处理液，配制方法详见上述紫露草诱变检测 3.2)，每个处理设 3 个重复，对照用曝气 3 天的自来水。对照组和各处理组的水量均为 5L，用统一规格的小水桶盛放。每一处理组均投放相同数量的泥鳅，每隔 48h 更换一次处理液。按照不同的处理时间，断尾取血涂片，每一处理组进行 3 次重复。

3) 血涂片的制作：用剪刀或刀片断尾取泥鳅外周血滴在干净的载玻片上，用一洁净的凹面玻片迅速从一端向另一端刮去，使血细胞处于单细胞的分散状态。晾干后先用瑞氏染液染 1~3min(染细胞质)，然后用蒸馏水洗去瑞氏染液，再用 Giemsa 染液染 15min (染细胞核和染色体)，水洗，晾干即可。

4) 制好的血涂片用显微镜观察，拍照。统计红细胞微核率、核畸变率(核变形、核空洞、核不均等分裂、核裂解等)，每张片子选取 5 个不重叠的观察视野，每个处理要求至少观察 2000 个细胞，3 个重复。泥鳅不同类型细胞见图 15-31~图 15-48。

$$\text{核畸变率}=\frac{\text{所检测样品观察到的核畸变细胞数}}{\text{所检测样品观察到的总细胞数}}\times 1000‰$$

5) 对镜检所得数据进行统计分析。

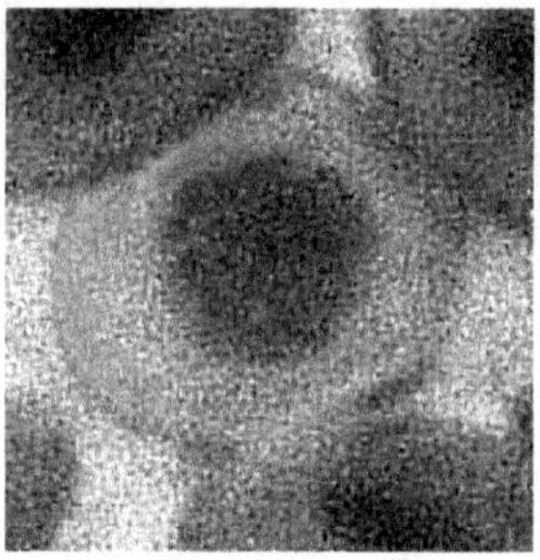

图 15-31 幼稚红细胞

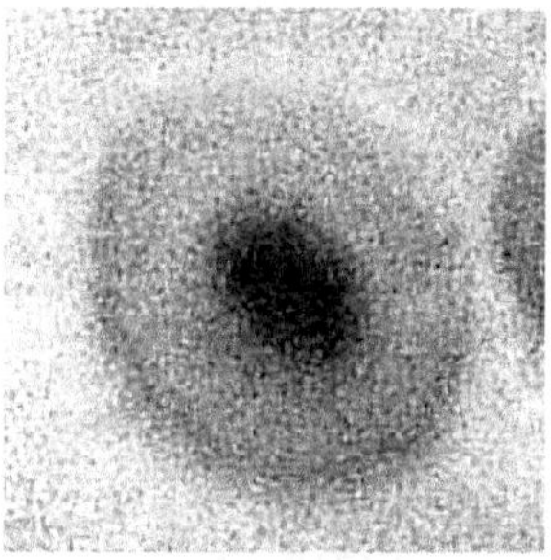

图 15-32 成熟红细胞

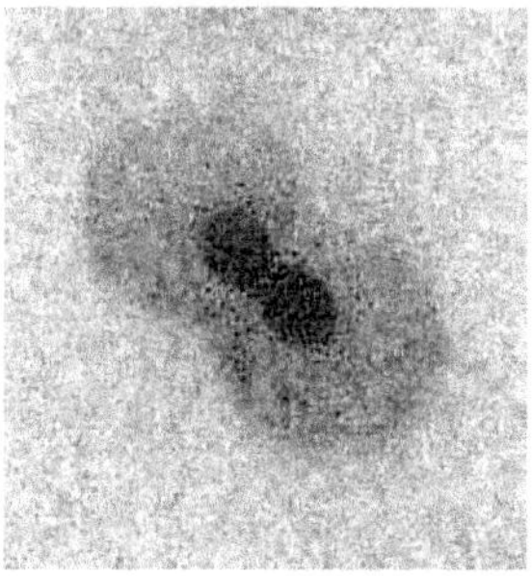

图 15-33 细胞正常均等缢缩分离

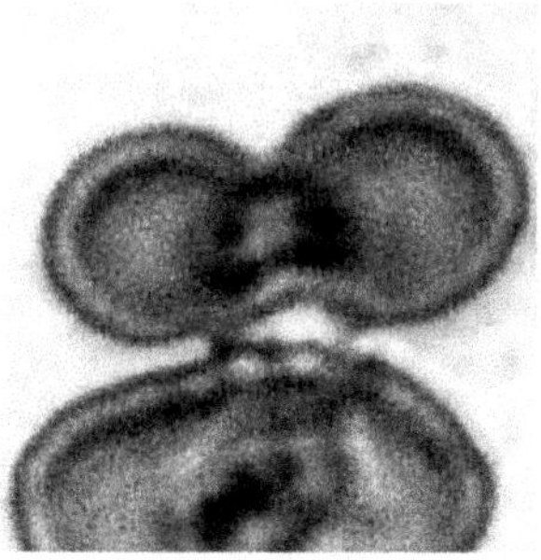

图 15-34 细胞正常均等缢缩分离

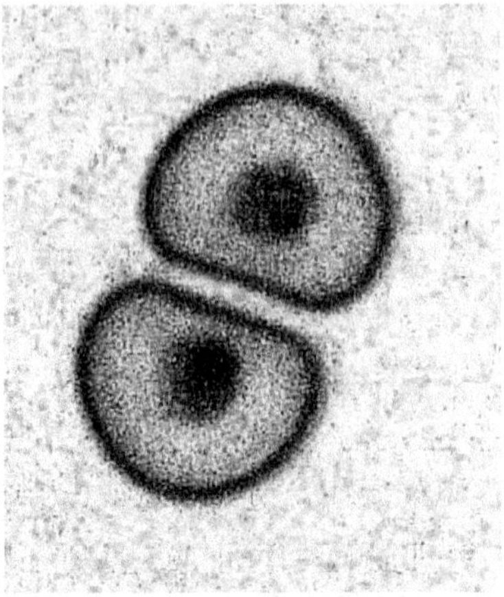

图 15-35　形成的子细胞

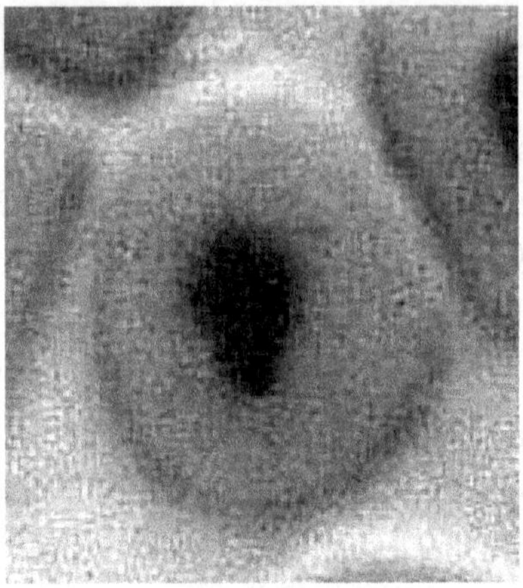

图 15-36　核畸形

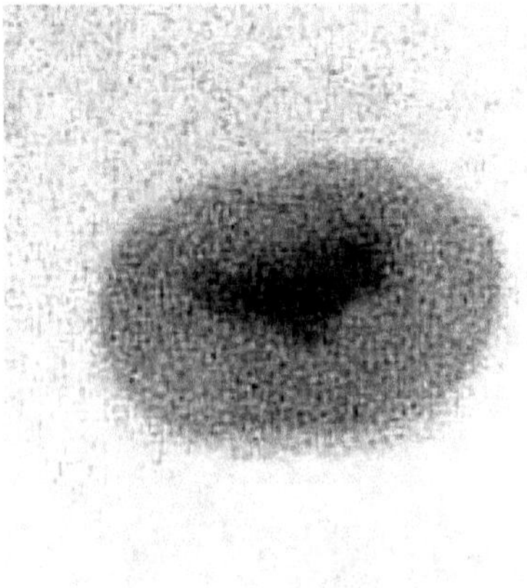

图 15-37　核畸形

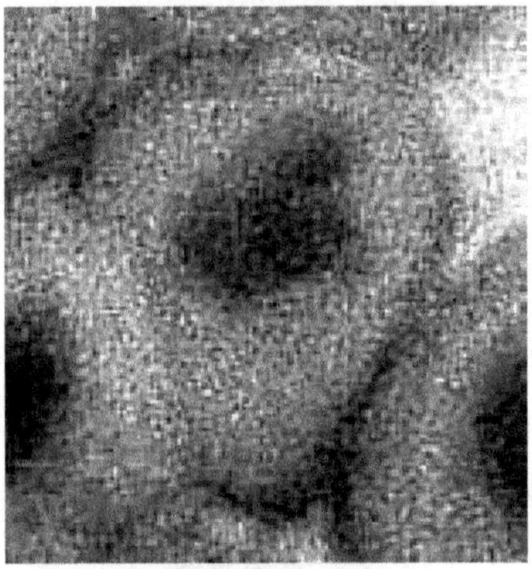

图 15-38　核畸形

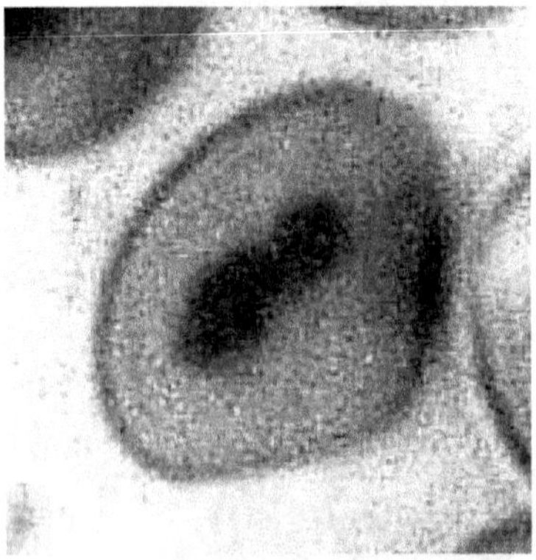

图 15-39　核不均等缢缩

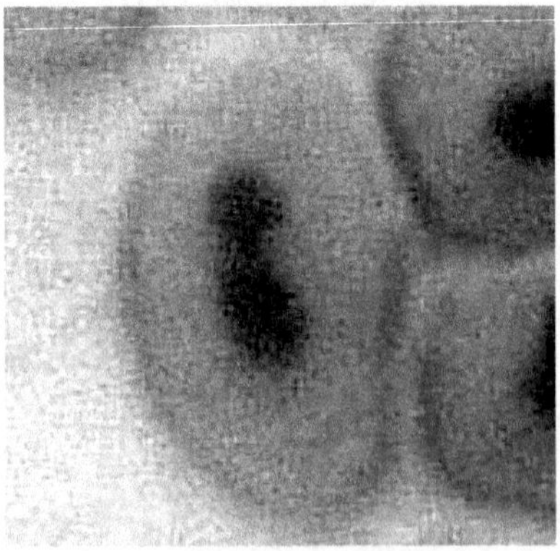

图 15-40　核不均等缢缩

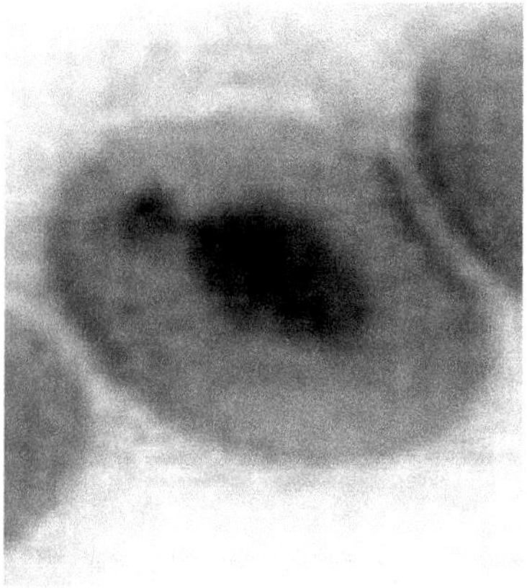

图 15-41　主核与微核相连

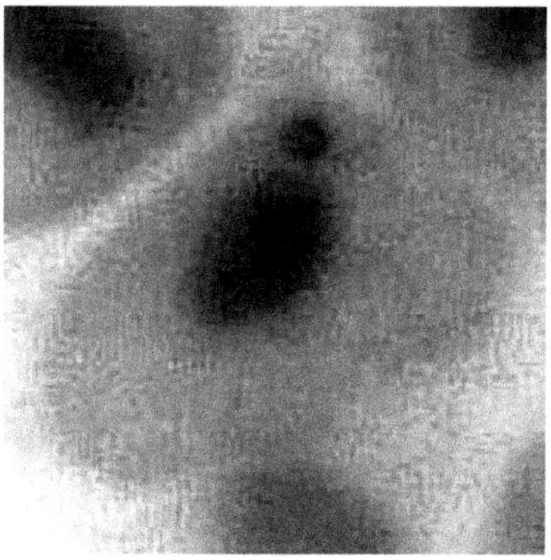

图 15-42　微核

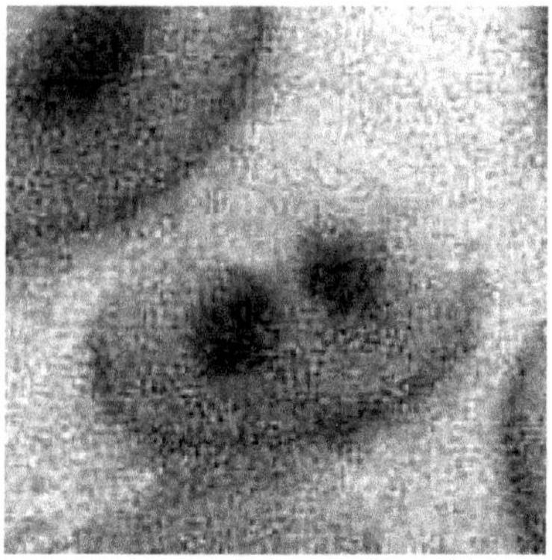

图 15-43　双核细胞

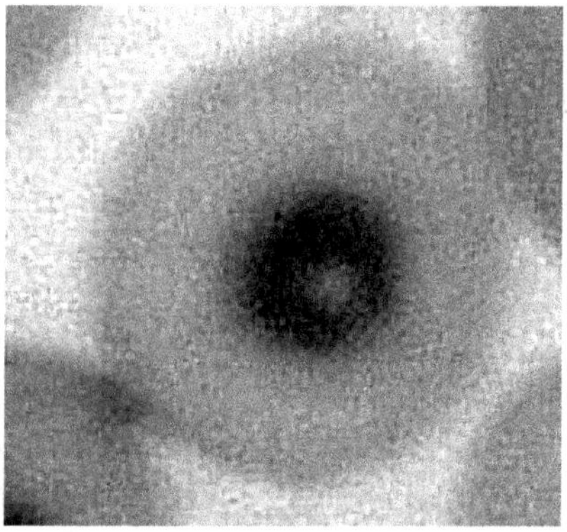

图 15-44　核空洞

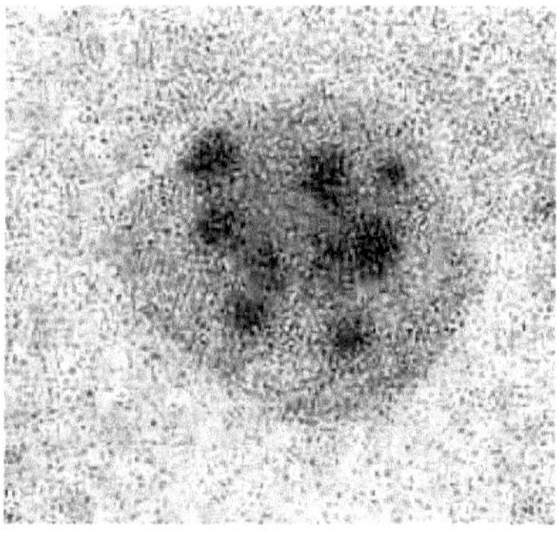

图 15-45　核裂解

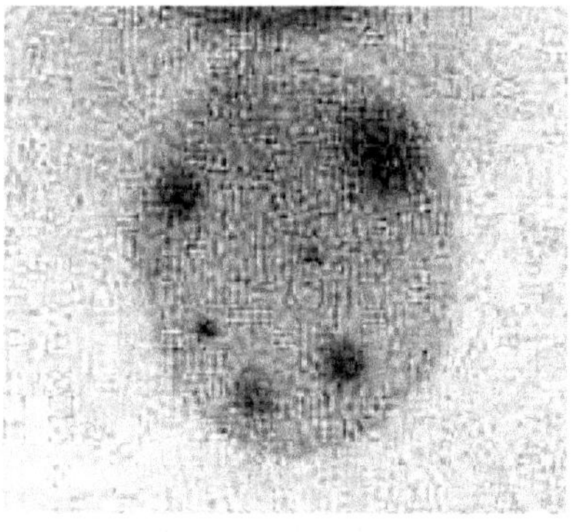

图 15-46　核裂解

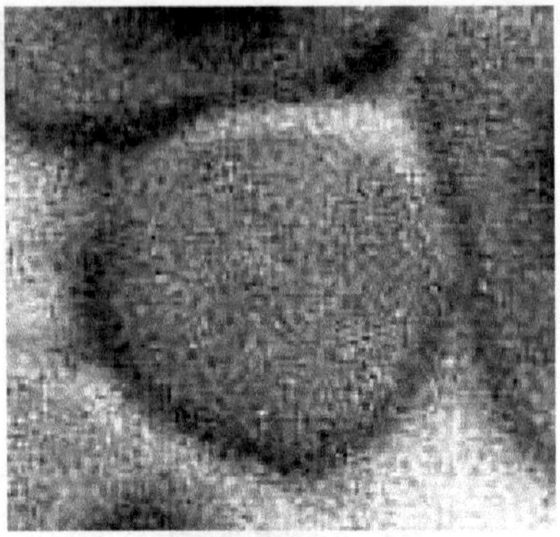

图 15-47　无核细胞

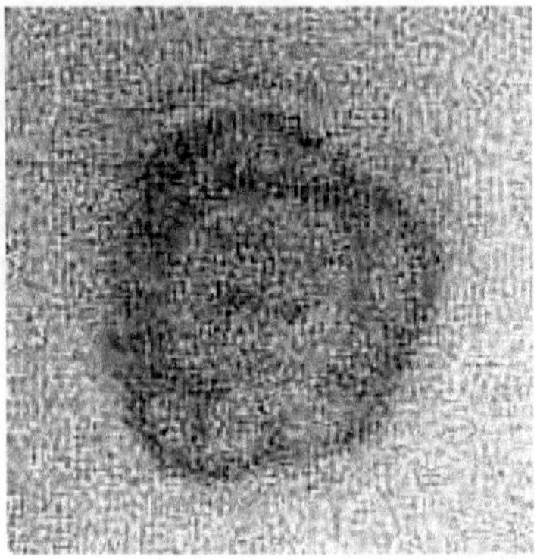

图 15-48　细胞皱缩死亡

【注意事项】

1. 实验中所用的所有试剂配方，由学生自行从各学科实验指导书或相应资料中查询。

2. 实验中所用的所有试剂、药品，一律由学生自行动手配制。特殊试剂如有些染色剂不能现配现用，需放置一段时间才能使用，则由学生配好后与教师换取可以使用的染色剂。

3. 提倡求实务真精神，不允许随意涂改实验数据。

4. 提倡团队协作精神，既分工又合作。每个学生均应积极参与实验，独立完成小组分配的实验任务，独立完成论文的写作。

5. 采用植物为实验材料的小组，应该先行掌握好植物染色体制片技术。

6. 采用水生生物或动物为实验材料的小组，应该先行掌握好血细胞涂片技术。

7. 要保证所制片子的细胞处于单细胞不重叠状态，才能保证实验结果的准确性。

8. 所有实验均需设立对照与重复。

【实验报告与思考题】

1. 每个学生撰写一份研究论文。

2. 微核率与诱变剂的毒性有何关系?

3. 微核率形成的机制是什么?

4. 实验中为何要采用对照?

5. 为何不同处理需要多次重复?

附 1　论文的格式

题目

作者姓名

班级、学号

中文摘要：简介研究的方法与结果

中文关键词：2~5 个

英文题目

英文作者姓名

英文班级、学号

英文摘要：

英文关键词：

(前言)介绍本研究的目的意义、前人在该领域研究的概况。

1 材料与方法：

1.1 材料：

1.1.1…

1.1.2…

1.2 方法：

1.2.1…

1.2.2…

2 结果：

2.1…

2.2…

3 分析与讨论(或者将 2 与 3 合并在一起列为 2 结果与分析)

4 小结

参考文献：(格式)

[1] 吴若菁，庄捷，黄婧，等. 2009. 马尾松幼苗对模拟酸雨与铝胁迫的响应及其抗性机制. 林业科学，45(12):22-29

[2] 王亚馥，戴灼华. 2001. 遗传学. 北京：高等教育出版社，140-150

附 2　遗传学毒理实验评分表

项目		标准	得分	评分
创新性(15 分)	好	前人从未开展过	15	
	较好	在前人实验的基础上加以改进或增补	12	
	一般	重复验证前人实验结果	10	
论文写作格式(15 分)	好	完全符合科学论文写作格式	15	
	较好	基本符合科学论文写作格式	12	
	一般	勉强符合科学论文写作格式	10	
实验结果可信度和准确性(20 分)	好	实验设计路线严密、切实可行，实验所得的图表清晰，观察统计结果误差小，并进行了可信的数据统计分析	20	
	较好	实验设计路线较严密、实验所得的图表较清晰，观察统计结果误差较小，并且对结果进行了较为可信的数据统计分析	15	
	一般	实验设计路线较严密、实验所得的图表较清晰，但是观察统计结果误差较大，或未对实验结果进行数据统计分析	10	
基础理论知识掌握程度(15 分)	好	运用所学的理论知识对结果进行充分透彻的分析比较，知识面广，引用的参考文献多，而且真实无误	15	
	较好	运用所学的理论知识对结果进行较充分透彻的分析比较，知识面较广，引用的参考文献较多，而且真实无误	12	
	一般	勉强符合以上要求	8	
集体参与积极性 (15 分)	好	小组成员积极参与实验全过程，对提问能迅速作出正确的回答	15	
	较好	小组成员积极参与实验全过程，对提问能迅速作出较正确的回答	12	
	一般	勉强符合以上要求	10	
多媒体制作和表达(10 分)	好	幻灯片制作能力强，内容条理清楚；在规定时间内表达流利，论证完整	10	
	较好	幻灯片制作能力较强，内容条理清楚；在规定时间内表达较流利，论证较完整	8	
	一般	勉强符合以上要求	6	
应用性(10 分)	好	实验结果的应用前景好	10	
	较好	实验结果的应用前景较好	8	
	一般	实验结果的应用前景一般	6	
总分				

实验 16　细菌的诱变与遗传分析实验

【实验目的】

1. 了解紫外线物理诱变细菌的原理。

2. 初步掌握诱变后营养缺陷型菌株的筛选与鉴定技术。

【实验原理】

在遗传学研究中，许多化学因素和物理因素都能导致细菌的诱变，使细菌发生基因突变。发生基因突变后的细菌如果失去了合成某一物质(如氨基酸、维生素、核苷酸等)的能力，则不能在基本培养基中生存，必须在添加此营养物质(如氨基酸、维生素、核苷酸等)的培养基中才能存活。此类细菌称为营养缺陷型细菌。

实验室常通过化学诱变剂或物理诱变剂获得营养缺陷型菌株，最常用的物理诱变剂为紫外线，其通过引起同链 DNA 的相邻嘧啶间形成共价结合的胸腺嘧啶二聚体而使 DNA 的分子结构发生改变，从而引起菌体的遗传性变异。紫外线对细菌诱变的作用效果取决于诱变源和菌体的距离、诱变源功率和诱变处理时间。实验室一般通过调节处理时间来控制紫外线对细菌的诱变剂量。

经诱变处理的细菌，缺陷型所占的比例比野生型细胞少得多，为了方便缺陷型菌株的检出，必须先富集缺陷型菌株、淘汰野生型菌株。可以利用的方法很多，如抗生素法、差别杀菌法和饥饿法等。其中，抗生素法是最常用的一种方法，而青霉素是抗生素法中最常用的一种抗生素试剂，它通过抑制正常菌体细胞壁中肽聚酶链之间的交联，而阻止菌体细胞壁的合成。经过诱变的混合细菌先在完全培养基中培养，使已发生突变的营养缺陷细胞的缺陷表型得以充分表现。然后转入无氮基本培养液中培养，以消耗营养缺陷型菌株细胞内的养料，使其停止生长繁殖。最终，在含青霉素的基本培养基中，对数生长期的菌体因不断生长分裂时细胞壁的合成受阻而被青霉素杀死，而营养缺陷型菌体因停止生长而被保留下来，从而达到富集营养缺陷型菌体的目的。

在野生型细胞中，筛选缺陷型细胞的方法包括逐个测定法、夹层培养法、限量补给法和影印培养法。这里以逐个测定法为例进行说明：把经过诱变处理并富集后的缺陷型菌液接种在完全培养基上过夜培养，待长出菌落后将每一菌落逐个地按一定顺序接种在标记好的两个培养基的相同位置上，一个是基本培养基，另一个是完全培养基，接种时先接种于基本培养基，后接种于完全培养基。经过培养后，凡是在基本培养基上不能生长而在完全培养基相同位置上能生长的菌落就有可能是营养缺陷型。将疑似营养缺陷型的菌落在基本培养基的平板上划线复证，置于 37℃恒温箱中培养，24h 后不生长的即营养缺陷型细菌。

通常利用生长谱法鉴定营养缺陷型：将检出的缺陷型菌株接种在完全培养基

上培养，并制成浓度为 10^7~10^8 个/ml 的菌悬液。取 0.1ml 该悬液与基本培养基混匀倒皿，冷凝并稍干燥后，分区并铺盖沾有各种营养物的圆滤纸片，培养后观察生长反应。圆滤纸片所沾营养物一般由不同组合的氨基酸和维生素组成，每一组氨基酸中仅有一种是独有的(如第一组的赖氨酸)，在给基本培养基分区后，每个分区中放置一组氨基酸，如果只有第一组氨基酸的分区中有菌落出现，其余分区中无菌落出现，说明此营养缺陷型为赖氨酸营养缺陷型菌株。用这种方式可以鉴定不同的营养缺陷型细菌。

【实验仪器和药品】

1. 仪器

离心机、紫外线照射箱、冰箱、恒温箱、高压灭菌锅、三角瓶、试管、离心管、移液管、培养皿、37℃摇床、超净工作台、酒精灯、接种环、台式离心机、200ul 微量移液器、1000ul 微量移液器、涡旋振荡器、牙签、标签纸、记号笔、分成小格的圆滤纸片、电炉、药匙。

2. 药品

(1) 培养基：LB 液体培养基、2 倍 LB 液体培养基、LB 固体培养基、基本固体培养基、无 N 基本液体培养基、2N 基本液体培养基、青霉素钠盐、生理盐水。

(2) 混合氨基酸和混合维生素：氨基酸分 7 组，其中 6 组各含 6 种氨基酸，每种氨基酸等量研细充分混合(若所用氨基酸为 DL 型，量需加倍)。

I	赖氨酸	精氨酸	甲硫氨酸	半胱氨酸	嘌呤	胱氨酸
II	组氨酸	精氨酸	苏氨酸	谷氨酸	天冬氨酸	嘧啶
III	丙氨酸	甲硫氨酸	苏氨酸	羟脯氨酸	甘氨酸	丝氨酸
IV	亮氨酸	半胱氨酸	谷氨酸	羟脯氨酸	异亮氨酸	缬氨酸
V	苯丙氨酸	胱氨酸	天冬氨酸	甘氨酸	异亮氨酸	酪氨酸
VI	色氨酸	嘌呤	嘧啶	丝氨酸	缬氨酸	酪氨酸
VII	脯氨酸					

【实验材料】

菌种：大肠杆菌(*Escherichia coli*)$K_{12}SF^+$。

【实验方法与步骤】

1. 菌液的制备

从 LB 平板中挑起一单菌落，接种于 3~5ml LB 液体培养基中，37℃过夜培养。取 0.3ml 接于 10ml LB 培养基的三角瓶 37°C 培养 5h。4000r/min 离心 10min 收集菌体。生理盐水清洗菌体，4000r/min 离心 10min 回收菌体后用生理盐水吹散混合，制成 4ml 细菌悬液。

2. 紫外线诱变

打开紫外灯电源，稳定仪器 30min。吸取 3ml 细菌悬液于无菌培养皿中，置培养皿于 15W 紫外灯下 28cm 处，照射 1min 后，打开培养皿盖，在紫外灯下暴露菌体 30s，盖上培养皿盖后关闭紫外灯。加入 3ml 的 2 倍 LB 液体培养基，避光培养 12h 以上。

3. 营养缺陷型菌株的检出

(1) 吸取 5ml 经过诱变处理的菌液，4000r/min 离心 10min 回收菌体。

(2) 生理盐水离心洗涤菌体 3 次，并制成 5ml 菌液。

(3) 吸取 0.1ml 离心洗涤过的菌液于 5ml 无 N 基本液体培养基中，37℃培养 12h。

(4) 培养 12h 后，加入 5ml 的 2N 基本液体培养基。同时培养基中加入青霉素钠盐，使青霉素在培养基中的终浓度为 1000 单位/ml，置培养基于 37℃温箱中继续培养。

(5) 从培养 12h、16h、24h 的菌液中各取 0.1ml 菌液涂布于 LB 培养基和基本培养基中，放入 37℃温箱中培养(培养皿上注明取样时间)36~48h。

(6) 在基本培养基与 LB 培养基空板底部绘制含 100 个格子的分格图。

(7) LB 培养基上长出的菌落数大大超过基本培养基的那一组平板，在 LB 培养基上挑取菌落 100 个，每个菌落接种于基本培养基与 LB 培养基平板上相同的分格位置上，先接种基本培养基，后接种于 LB 培养基，依次点种，置 37℃温箱培养。

(8) 营养缺陷型菌株的复证：挑取 LB 培养基上有，而在基本培养基相同位置上没有的菌落，在基本培养基和 LB 培养基上划线复证。37℃温箱培养，24h 后基本培养基上仍然不生长的菌落可能为营养缺陷型。

(9) 生长谱鉴定：将疑似营养缺陷型菌体接种于 5ml LB 液体培养基中，37℃培养 16h。4000r/min 离心 10min 收集菌体，加入生理盐水离心洗涤 3 次，并制成 5ml 菌悬液。取 1ml 菌悬液于灭菌的培养皿中，然后倒入融化后冷却至 40~50℃的基本培养基，摇匀放平，待凝。在凝固的基本培养基皿底分 9 区，将沾有 7 种混合氨基酸的圆滤纸片分别放置在不同区中，其中一区作为对照不接入任何的营养物质，培养皿置 37℃培养 24~48h，观察生长圈所在位置。

【注意事项】

1. 紫外线诱变后，如果细胞立即暴露在可见光下，则细胞将发生光复活效应，利用光能拆开已形成的嘧啶二聚体，通过自我修复过程而降低突变率。所以，经紫外线照射后的混合菌液应先避光培养 12h 以上以提高诱变效果。

2. 紫外线诱变后，混合菌液应先在完全培养基中恢复培养，使基因突变后的细菌能充分表达其表型。

3. 逐个测定法筛选缺陷型菌株时，接种顺序应先接种基本培养基，后接种完全培养基，否则易将完全培养基带入基本培养基，从而影响筛选结果。

【实验报告与思考题】

1. 将诱变结果填入下表。

取样时间/h 培养基	菌落数		
	12	16	24
LB 培养基			
基本培养基			

2. 根据实验写出生长谱的鉴定结果。

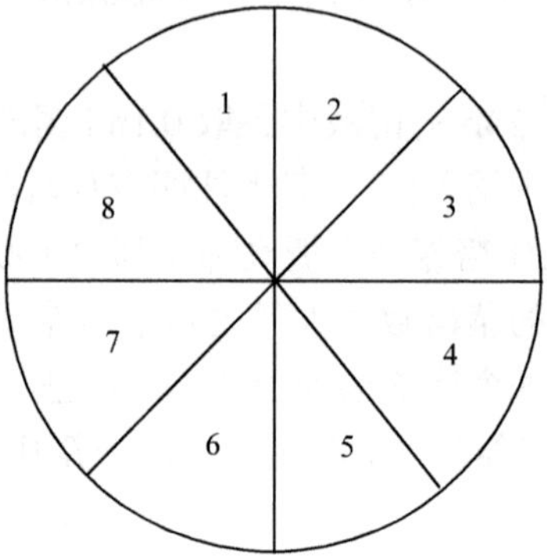

附：

1. 无 N 基本液体培养基：

K_2HPO_4	0.7g
KH_2PO_4	0.3g
柠檬酸钠三水合	0.5g
$MgSO_4 \cdot 7H_2O$	0.01g
葡萄糖	2g

蒸馏水 100ml，pH 7.0，高压灭菌 30min。

2. 2N 基本液体培养基：

K_2HPO_4	0.7g
KH_2PO_4	0.3g
柠檬酸钠三水合	0.5g
$MgSO_4 \cdot 7H_2O$	0.01g
$(NH_4)_2SO_4$	0.2g
葡萄糖	2g

蒸馏水 100ml，pH 7.0，高压灭菌 30min。

3. 基本液体培养基：

$NH_4H_2PO_4$	1g
$MgSO_4 \cdot 7H_2O$	0.2g
葡萄糖	5g
NaCl	5g
K_2HPO_4	1g

蒸馏水定容1L，pH 7.0，高压灭菌。

4. 基本固体培养基：

琼脂2g，基本液体培养基100ml，pH 7.0，高压灭菌。

5. 生理盐水：

取0.850g NaCl，用蒸馏水定容于100ml，高压灭菌。

实验 17　转基因烟草

【实验目的】

1. 掌握组织培养的一般程序。
2. 掌握农杆菌介导的基因转化的原理、技术和方法。
3. 了解转基因植物、转基因生物的安全性。

【实验原理】

植物遗传转化技术可分为两大类：一类是直接基因转移技术，包括基因枪法、原生质体法、脂质体法、花粉管通道法、电击转化法、PEG 介导转化方法等，其中基因枪转化法是代表；另一类是生物介导的转化方法，主要有农杆菌介导和病毒介导两种转化方法，其中农杆菌介导的转化方法操作简便、成本低、转化率高，广泛应用于双子叶植物的遗传转化，本实验主要利用此法。

1. 农杆菌介导转化法

早在 20 世纪 70 年代末至 80 年代初，人们就发现根癌农杆菌(*Agrobacterium tumefacians*)侵染植物后将其 Ti 质粒(tumor inducing plasmid)上一段 DNA(T-DNA)插入被侵染细胞的基因组中，并能稳定地遗传给后代。农杆菌是普遍存在于土壤中的一种革兰氏阴性菌，它能在自然条件下趋化性地感染大多数双子叶植物的受伤部位，并诱导产生冠瘿瘤或发状根。根癌农杆菌和发根农杆菌细胞中分别含有 Ti 质粒及 Ri 质粒，其上有一段 T-DNA，农杆菌通过侵染植物伤口进入细胞后，可将 T-DNA 插入植物基因组中。因此，农杆菌是一种天然的植物遗传转化体系。人们将目的基因插入经过改造的 T-DNA 区，借助农杆菌的感染实现外源基因向植物细胞的转移与整合，然后通过细胞和组织培养技术，再生出转基因植株。农杆菌介导转化法转化植物的关键是 T-DNA 整合到受体植物细胞基因组的过程。T-DNA 的转移机理比较复杂，涉及 Vir 区各种基因的表达及一系列蛋白质和核酸的相互作用。其过程是：植物细胞在受伤后细胞壁破裂，分泌物中含有高浓度的创伤诱导因子，它们是一些酚类化合物，如乙酰丁香酮(acetosyringone，AS)和羟基乙酰丁香酮(hydroxyacetosyringone，OH-AS)。农杆菌对这一类物质具有趋化性，首先在植物细胞表面发生贴壁，继而植物创伤诱导因子诱导农杆菌 *vir* 基因的激活与表达。首先是 *virA* 和 *virG* 基因的活化，然后磷酸化的 VirG 蛋白激活一系列 *vir* 基因的表达，导致 T-DNA 被剪接、加工，形成 T 链复合物(T-复合体)，通过农杆菌和植物细胞的细胞膜、细胞壁进入植物细胞内。T-复合体上的核靶序列可引导 T-DNA 整合到植物基因组。

野生型根癌农杆菌能够将自身的一段 DNA 转入植物细胞。转入的这一段 DNA 含有一些激素合成基因，导致转化细胞自身激素的不平衡从而产生冠瘿瘤。

这些致瘤菌株都含有一个约 200 kb 的环状质粒，被称为 Ti (tumor inducing)质粒，包括毒性区(Vir 区)、接合转移区(Con 区)、复制起始区(Ori 区)和 T-DNA 区 4 部分。其中与冠瘿瘤生成有关的是 Vir 区和 T-DNA 区。前者大小为 30 kb，分 *virA~J* 等至少 10 个操纵子，决定了 T-DNA 的加工和转移过程。T-DNA 可以将携带的任何基因整合到植物基因组中，但这些基因本身与 T-DNA 的转移和整合无关，仅左右两端各 25bp 的同向重复序列为其加工所必需，其中 14 bp 是完全保守的，分 10bp 和 4bp 不连续的两组。两边界中以右边界更为重要。VirA 作为受体蛋白接受损伤植物细胞分泌物的诱导，自身磷酸化后进一步磷酸化激活 VirG 蛋白；后者是一种 DNA 转录活化因子，被激活后可以特异性结合到其他 *vir* 基因启动子区上游的一个叫 vir 框(vir box)的序列，启动这些基因的转录。其中，*virD* 基因产物对 T-DNA 进行剪切，产生 T-DNA 单链。然后以类似于细菌接合转移过程的方式将 T-DNA 与 $VirD_2$ 组成的复合物转入植物细胞，在那里与许多 $VirE_2$ 蛋白分子(为 DNA 单链结合蛋白)相结合，形成 T 链复合物(T-complex)。在此过程中 $VirE_1$ 作为 $VirE_2$ 的一个特殊的分子伴侣具有协助 $VirE_2$ 转运和阻止它与 T-DNA 链结合的功能。实验表明，转基因植物产生的 $VirE_2$ 蛋白分子也能在植物细胞内与 $VirD_2$-T-DNA 形成 T 链复合物。之后，这一复合物在 $VirD_2$ 和 $VirE_2$ 核定位信号(NLS)引导下以 $VirD_2$ 为先导被转运进入细胞核。转入细胞核的 T-DNA 以单或多拷贝的形式随机整合到植物染色体上。农杆菌介导植物细胞转化过程示意图见图 17-1。

2. 基因枪介导法

利用火药爆炸或高压气体加速(这一加速设备被称为基因枪)，将包裹了带目的基因的 DNA 溶液的高速微弹直接送入完整的植物组织和细胞中，然后通过细胞和组织培养技术，再生出植株，选出其中转基因阳性植株即转基因植株。与农杆菌转化相比，基因枪法转化的一个主要优点是不受受体植物范围的限制；而且其载体质粒的构建也相对简单，因此也是目前转基因研究中应用较为广泛的一种方法。

3. 花粉管通道法

在授粉后向子房注射含目的基因的DNA溶液，利用植物在开花、受精过程中形成的花粉管通道，将外源DNA导入受精卵细胞，并进一步被整合到受体细胞的基因组中，随着受精卵的发育而成为带转基因的新个体。该方法由我国学者周光宇提出，我国目前推广面积最大的转基因抗虫棉就是用花粉管通道法培育出来的。该法的最大优点是不依赖组织培养人工再生植株，技术简单，不需要装备精良的实验室，常规育种工作者易于掌握。

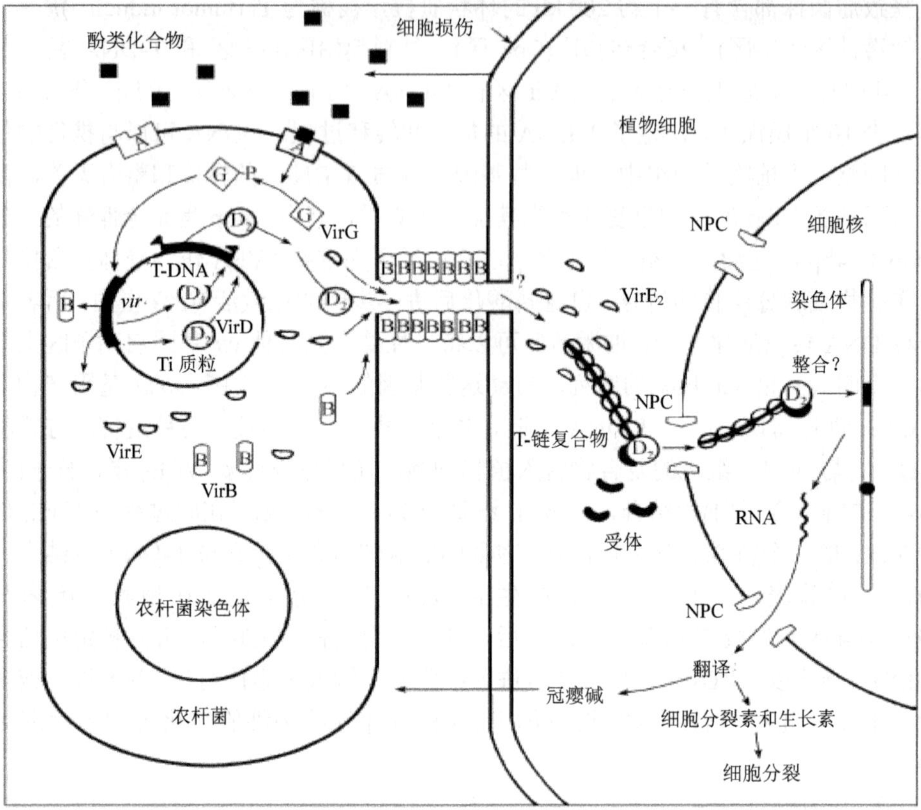

图 17-1　农杆菌介导植物细胞转化过程示意图

【实验仪器和药品】

1. 仪器

超净工作台、培养箱、人工气候箱、摇床、移液器、水浴锅、冷冻离心机、电转仪、pH 计、高压灭菌锅、培养皿、三角瓶、量筒、液氮等。

2. 培养基母液的配制和保存

MS 培养基含有近 30 种营养成分，为了避免每次配制培养基都要对这几十种成分进行称量，可将培养基中的各种成分，按原量的 20 倍或 200 倍分别称量，配成浓缩液，这种浓缩液称为培养基母液。这样每次使用时，取其总量的 1/20 (50ml) 或 1/200 (5ml)，加水稀释，制成培养液。

母液 I (大量元素)	mg/L	(×20)
NH_4NO_3	33 000	
KNO_3	38 000	
$CaCl_2 \cdot 2H_2O$	8800	

$MgSO_4 \cdot 7H_2O$	7400	
KH_2PO_4	3400	
母液 II (微量元素)	mg / L	(×200)
KI	166	
H_3BO_3	1240	
$MnSO_4 \cdot 4H_2O$	4460	
$ZnSO_4 \cdot 7H_2O$	1720	
$Na_2MoO_4 \cdot 2H_2O$	50	
$CuSO_4 \cdot 5H_2O$	5	
$CoCl_2 \cdot 6H_2O$	5	
母液 III (铁盐)	mg /L	(×200)
$FeSO_4 \cdot 7H_2O$	5560	
Na_2-EDTA·$2H_2O$	7460	
母液 IV (有机成分)	mg /L	(×200)
肌醇	20 000	
烟酸	100	
盐酸吡哆醇(维生素 B_6)	100	
盐酸硫胺素(维生素 B_1)	100	
甘氨酸	400	

各种母液配完后，分别用玻璃瓶贮存，并且贴上标签，注明母液号、配制倍数、日期等，保存在冰箱的冷藏室中。

3. 培养基配方

(1) MS 培养基(1L)固体。

MS 储存液 I	50ml
MS 储存液 II	5ml
MS 储存液 III	5ml
MS 储存液 IV	5ml

蔗糖　30g、0.8%琼脂(液体培养基不加琼脂)

调 pH 至 5.8(一般的加 5mol/L　NaOH 2~3 滴即可)

(2) 1/2 MS 培养基。

MS 储存液 I	25ml
MS 储存液 II	5ml
MS 储存液 III	5ml
蔗糖	15~20g
0.8%琼脂	(液体培养基不加琼脂)

调 pH 至 5.8(注：不需要 MS 储存液 IV)

(3) 烟草分化培养基：MS+ 6-BA 1mg/L+蔗糖 30g。

(4) 烟草生根培养基：1/2 MS 培养基。

4. 培养基配制

(1) 先在 1L 锥形瓶中加入 800ml 左右的蒸馏水，用量筒或移液管从各种母液中分别取出所需的用量：母液 I 为 50ml，母液 II、III、IV 各 5ml 加入锥形瓶中。

(2) 用移液器取激素 6-BA(1mg/ml)1ml 加入锥形瓶中。

(3) 称取蔗糖 30g/L，加入锥形瓶中。

(4) 将 pH 计探头伸入锥形瓶液面下用 2mol/L NaOH 调 pH 为 5.8，加水定容到 1L。

(5) 称取琼脂粉 8g 倒入瓶中，混匀、封口，121℃高压灭菌 15min。

配制培养基时应注意：①在使用提前配制的母液时，应在量取各种母液之前，轻轻摇动盛放母液的瓶子，如果发现瓶中有沉淀、悬浮物或被微生物污染，应立即淘汰这种母液，重新进行配制；②用量筒或移液管(器)量取培养基母液之前，必须用所量取的母液将量筒或移液管润洗 2 次；③量取母液时，最好将各种母液按将要量取的顺序写在纸上，量取 1 种，划掉 1 种，以免出错；④培养基的 pH 一般调到 5.0~6.0，一般来说，当 pH 高于 6.0 时，培养基将会变硬，pH 低于 5.0 时，琼脂不能很好的凝固，pH 对不同植物的影响有差异。

5. 生长调节物质的配制

IAA、IBA 和 GA_3 先用少量 95%乙醇溶解，再加水定容。

NAA 可溶于热水或少量 95%乙醇中，再加水定容。

2，4-D 不溶于水，可用 1mol/L NaOH 溶解后，再加水定容。

KT 和 6-BA 应先溶于少量 1mol/L 的 HCl 中，再加水定容。

玉米素先溶于少量 95%乙醇中再加水定容。

注：吲哚乙酸、玉米素等遇热不稳定的生物活性物质，不能进行高压灭菌，必须采用过滤方法灭菌。

【实验材料】

烟草种子、烟草无菌苗、农杆菌株 LBA4404、带有外源基因的重组质粒。

【实验方法与步骤】

1. 烟草无菌苗的培养

(1) 打开超净工作台挡板，用 70%乙醇棉球清洁工作台台面，紫外线杀菌 15min，然后将风量调到适中吹风。

(2) 准备好无菌的去离子水、烧杯、三角瓶等。

(3) 选 100 粒左右饱满烟草种子放入无菌的 Eppendorf 管中。

(4) 加入 1ml 的 75%乙醇，上下轻摇 1min。

(5) 用移液器吸干乙醇，再加入 10%过氧化氢(或次氯酸钠)溶液表面灭菌 12min，其间上下颠倒 Eppendorf 管数次。

(6) 用移液器吸出过氧化氢(或次氯酸钠)溶液，再用无菌水洗 3 次。

(7) 取 5~6 粒种子用移液器吸打于锥形瓶中 1/2 MS 培养基(不含激素)上，通过吸打无菌水将种子铺匀(通常用 1ml 枪头，且枪头顶端被剪掉)，封口。

(8) 放入培养箱 25℃培养，每天观察有无污染；取 50~60 天龄的无菌试管苗健壮叶片，用作实验起始材料(烟草无菌苗要提前准备，一般培养一批无菌苗后，不断继代，所以不论何时都有材料可用)。

2. 常规农杆菌感受态的制备

(1) 将农杆菌 LBA4404(抗硫酸链霉素，100μg/ml)划 YM 平板，28℃培养 48h。YM 培养基配方：0.4g/L 酵母抽提液、10g/L 甘露醇、0.1g/L NaCl、0.1g/L 硫酸镁、0.5g/L 磷酸氢二钾，调 pH 为 7.2~7.4，固体培养基加 15g/L 琼脂。

(2) 挑取单菌落接种到 40ml YM 液体培养基中，28℃，220r/min 悬浮培养 12~20h。

(3) 在超净工作台上将菌液转入灭过菌的 50ml 离心管中，4℃，8000r/min 离心 10min，弃上清；用 100mmol/L NaCl (4℃预冷)重新悬浮农杆菌，4℃，8000r/min 离心 10min，弃上清；加入原始菌液 1/50 体积(800μl)的 20mmol/L $CaCl_2$ 重悬菌体，并分装成 100μl/管(此时的感受态农杆菌可以直接用于转化)。注：也可以用 LB 培养基，有时在 LB 液体培养基中农杆菌容易结块而不利于后面的实验；用 YM 培养基培养农杆菌不易结块，菌液呈乳白色。

(4) 置液氮中 10s，−80℃保存备用。

3. 质粒转化农杆菌

(1) 将感受态农杆菌置于冰上，加入 1μg 质粒 DNA(体积不宜超过 5μl)，充分混匀，置冰上 30min。

(2) 置液氮中 1min(时间不宜过长)，迅速转入 37℃水浴中，待其融化，加入 1ml YM 液体培养基。

(3) 28℃，220r/min 摇床培养 2~4h。

(4) 3000r/min，离心 2min，将上清吸去 500μl，留 500μl 于管中，重悬菌体，并涂布到含有 Km(50μg/ml)和 Str(100μg/ml)的 YM 平板上，吹干，28℃培养 48h。

(5) 挑取单菌落接种到 Km 和 Str 的液体培养基中，28℃，220r/min 培养 48h，菌液用于保存或转化。

注：也可以采用电转法，效率更高，操作更简便，但需要电转仪。

A. 电转化农杆菌感受态细胞制备

(1) 取 500μl 新鲜的过夜培养的 LBA4404 于 500ml LB 液体(链霉素浓度为 100μg/ml)培养瓶中。

(2) 在28℃ 220r/min摇床上培养至OD_{600}为0.5左右(12~20h)。

(3) 将培养瓶在冰上放置 15~30min，转移至离心瓶中，4℃,4000r/min 离心15min，从此步起，细胞必须一直保持冷却。

(4) 除去上清液，重悬细胞于500ml的1mmol/L Hepes (pH 7.4)缓冲液中，4℃ 4000r/min离心15min。

(5) 除去上清液，重悬细胞于250ml的1mmol/L Hepes (pH7.4)缓冲液中，4℃ 4000r/min离心15min。

(6) 除去上清液，重悬细胞于10ml的1mmol/L Hepes (pH7.4)缓冲液中，4℃ 4000r/min离心15min。

(7) 除去上清液，重悬细胞于2ml冰冷的10%甘油，分装于Eppendorf管中，每管40μl，液氮中速冻，保存于−70℃。

B. 电转化

(1) 将感受态细胞在冰上融化，将40μl感受态细胞转移至放在冰上的预冷电转杯中。

(2) 加入1~2μl质粒(2~100ng)，混匀，放在冰上。

(3) 根据电转仪的操作说明设置正确的电压，选择适当的电转杯。

(4) 将电转杯放到电转仪的槽中，启动开关。电击过程大约是5ms。

(5) 马上在电转杯内加入1ml LB液体培养基，转移至新的无菌Eppendorf管中，在室温下静置1h(一般就放在超净台内)。

(6) 取200μl涂布在LB平板上(Km浓度为50μg/ml)，在28℃培养2天左右可见菌落长出。进行菌落PCR筛选阳性克隆，一般都是阳性菌落。然后挑选阳性菌落进行液体培养，用于下面实验。

4. 烟草叶盘转化

(1) 接种LBA4404(含质粒DNA)于固体培养基上，2天后挑取单菌落于50ml YM液体培养基中，200r/min，28℃，生长42~48h，OD_{600}为1.0左右时使用(OD_{600}为1，细菌密度为5×10^8个细胞/ml)，3000r/min，离心，以MS液体培养基稀释至OD_{600}约0.5。

(2) 取无菌叶片，切成0.25cm^2大小的叶盘，于菌液中浸泡10min，叶片上表皮朝下，置于共培养基上，每皿6~7片，共培养2天(48h)，共培养基为MS+6-BA 1mg/L。

(3) 共培养结束后，用MS液体培养基洗叶片2次，再用加头孢霉素(Cef，500mg/L)的MS液体培养基洗1次，叶盘转移至选择培养基上，每隔15天继代一次，选择培养基为 MS+6-BA 1mg/L+Km 50mg/L+Cef 500mg/L。

(4) 待再生芽长至 10mm 时切取小芽移至生根培养基上。生根培养基为 1/2 MS+Km 50mg/L。

(5) 苗生根后，移栽入营养土中，先在培养箱中驯化 2 天，然后在培养室中培养。

5. 从转基因植株中小量提取 DNA

(1) 取 0.05g 新鲜或–75℃冷冻转基因植物材料，放入 1.5ml 离心管中。

(2) 加入 600μl 提取缓冲液，用塑料研磨棒或用一次性 1.5ml tip 头上下捣碎组织。

(3) 12 000r/min 离心 10min(4℃或者室温)，取上清液加等体积的 Tris-酚-氯仿，混匀。

(4) 12 000r/min 离心 10min(4℃或者室温)，取上清液加等体积的异丙醇，混匀。

(5) 12 000r/min 离心 10min(4℃或者室温)。

(6) 弃上清，用 70%乙醇洗涤沉淀，略晾干即可得到 DNA 粗制品。

(7) 加入 30~50μl 无菌蒸馏水或 TE 缓冲液溶解，–20℃保存备用。

所需试剂：提取缓冲液 200 mmol Tris-HCl (pH 7.5)、250mmol/L NaCl、25mmol/L EDTA、0.5%SDS、Tris-酚-氯仿、异丙醇、无水乙醇、70%乙醇。

6. 外源基因的 PCR 检测

按常规程序进行。

【注意事项】

1. 农杆菌的培养

制备纯度高、生长旺盛、浸染能力强的农杆菌浸染液是 Ti 质粒转化的第一步，常用的培养基有 LB、YM、YEB、TY、523PA、MinA 等。农杆菌的生长周期：固体培养一般需要 2~3 天，液体培养需 1~2 天，农杆菌接种在培养液后，并不立即开始增殖，一般在 25~30℃时，需 1~2h 细菌开始分裂。测定菌液浓度最简单的方法是光密度测定法。将菌液装入比色杯中，测 OD_{600}，1 OD_{600} 约等于 8×10^8 个细胞/ml。

2. 农杆菌的纯化

采用常规的微生物纯化方法，即划线法。用接种针划线，然后用 Parafilm 膜封口，将培养皿倒置于恒温培养箱内，在 25~28℃下培养过夜，2 天后可看到分离的单菌落。挑取单菌落接种在液体培养基内进行振荡培养。在工程菌的纯化过程中利用选择抗生素是非常重要的。因为在质粒构建时已把标记基因插入 T-DNA 中，并带有细菌中表达的启动子，故称为选择标记。

3. 农杆菌浸染悬浮液的制备

液体振荡培养的农杆菌，通常培养 12~24h 后即可达到对数生长期。用离心管取一定量的菌液进行 4000r/min 离心，倒掉上清液，再加入植物外植体诱导愈伤组织的液体培养基，使其光密度达到 0.5，即可用作接种外植体的工程菌液。

4. 农杆菌的保藏

在 7%二甲基亚砜(DMSO)或 15%甘油中，菌种可于–70℃冰箱或液氮中长期保存。当甘油浓度增加到 40%~50%时，细菌可在–70~–20℃条件下保存若干年不失活。

5. Vir 区基因活化诱导物的使用

Vir 区基因的活化是农杆菌 Ti 质粒基因转化域，Vir 区基因的活化直接调控着 T-DNA 的转移。已有大量实验表明酚类化合物对 Vir 区基因的活化具有重要作用，因此正确使用 *vir* 基因诱导物至关重要。常用的 *vir* 基因诱导物是乙酰丁香酮(acetosyringone，AS)和羟基乙酰丁香酮(hydroxyacetosyringone，OH-AS)。一般用以下三种方法使用诱导物。

(1) 在农杆菌液体培养时加入 AS，加入时间一般在制备工程菌浸染使用前 4~6h。也有的在农杆菌悬浮液离心后将植物外植体培养基稀释成浸染液时加入。

(2) AS 加在农杆菌和外植体共培养的培养基中。

(3) 在农杆菌液体培养基及共培养时都加入 AS。研究发现 pH 对 Vir 区的活化有着明显的影响，从理论上讲，加入 AS 的培养基 pH 为 5.0~5.6 时，Vir 区基因的诱导达到最高水平。pH 改变 0.3 对多种植物的转化率都有影响。通常农杆菌培养时 pH 为 7.2。这种生长旺盛的菌株 *vir* 基因处于不活化状态。植物组织培养基 pH 为 5.8，有利于 *vir* 基因的活化。在 *vir* 基因活化诱导中应调整培养基的 pH；同时还应注意到，培养基在高压灭菌后 pH 有所下降，依据不同培养基的缓冲能力，下降幅度不同，如 MS 培养基在高压灭菌条件下 pH 下降 0.3。

6. 外植体的选择

一个成功的遗传转化设计的首要条件是正确地选择外植体，明确受体细胞的转化能力是选择外植体的依据。转化外植体的选择原则如下。

(1) 以叶片、子叶、胚轴为首选外植体材料。

(2) 要注意外植体的年龄，选择幼年的外植体。

(3) 以幼胚、体细胞胚及成熟胚作为外植体时应考虑其转化的最佳感受期。

(4) 基因转化外植体和组织培养外植体的选择基本一致。

(5) 应考虑感受态细胞在外植体的部位。例如，叶尖部分生细胞少，叶基部分生细胞多，子叶基部有大量的分生细胞，胚轴的极端也有大量的分生细胞。切割时应符合以下原则：暴露分生组织细胞，即在分生组织处切割；尽量增加农杆菌与分生组织的接种面积，如胚轴斜切面较横切面为优。

7. 外植体的预培养、接种及与农杆菌的共培养

把农杆菌接种到外植体的损伤表面，将切割成小块的外植体浸泡在制备好的农杆菌液中，浸泡一段时间后，放在无菌吸水纸上吸干外植体非伤口面的菌液，即可进行共培养。接种菌体后的外植体培养在诱导愈伤组织培养基上，在外植体

细胞分裂、生长的同时，农杆菌在外植体切口面增殖生长，这种二者共同培养的过程称为共培养。有的研究中在固体培养基表面加一层滤纸，有利于控制外植体上的农杆菌过度增殖。农杆菌和外植体的共培养过程是非常重要的环节，因为农杆菌附着，T-DNA 的转移及整合都在此共培养时期内完成，所以共培养技术的掌握是转化的关键。农杆菌转化时，并不浸入植物细胞中去，而是把 T-DNA 转移到植物细胞。农杆菌附着后不能立即转化，只有在创伤部位生存 6h 之后的菌株才能诱发肿瘤，这一段时间称为“细胞调节期”，因此，共培养时间必须长于 16h。共培养时间太长，由于农杆菌的过度生长，植物细胞因受到毒害而死亡。共培养时间对转化率有着很大的影响，而且不同物种、外植体种类、农杆菌菌株的最佳共培养时间不同。

8. 外植体脱菌及选择培养

与农杆菌共培养后的外植体表面及浅层组织中共生有大量农杆菌。为杀死和抑制农杆菌的生长必须进行脱菌培养，使外植体更好的生长发育。所谓脱菌培养，即把共培养后的外植体转移到含有抗生素的培养基上。常用的抗生素为头孢霉素(cefotaxine，Cef)，使用浓度一般为 500mg/L，使用原则是在达到抑制农杆菌生长的目的下，尽量降低其浓度。脱菌培养的时间，一般需 5~6 代继代培养，但仍然不能把残留的农杆菌杀死，特别是共生在维管束和细胞间隙的农杆菌。如果停止使用抗生素，则外植体又有农杆菌生长，可再使用抗生素脱菌。也有的植物一直使用抗生素，直到试管苗形成。

9. 转化体的选择培养

如何选择转化的细胞也是一个重要环节。转化的细胞和非转化的细胞在生长发育过程中存在着竞争，如果转化细胞不能生长，转化也不能成功。因此，选择是必不可少的步骤：①选择压为：Km 50~100mg/L；②选择的方法及时期，先选择后再生。

10. 农杆菌的增殖速度

共培养中农杆菌的增殖速度直接与转化有关，农杆菌增殖和生长状态与其浸染能力相关。如果共培养时农杆菌增殖生长不良，外植体切口边缘只有很少的农杆菌生长，则转化的概率很小；反之，农杆菌在外植体四周过度增殖，可引起对外植体的毒害，致使其褐化死亡。控制农杆菌增殖速度的原则是既要使菌株在外植体边缘特别是切口面旺盛增殖生长，又不应过度，一般以覆盖切口面为宜。控制农杆菌增殖的方法有以下几种：①调整农杆菌液的浓度，生长太快则降低菌液浓度，有时农杆菌液浓度 OD 值为 0.1~0.5；②控制共培养时间；③使用抗生素调控农杆菌的增殖生长。

【实验报告与思考题】

1. 植物的遗传转化技术在遗传学基础研究中有哪些应用？

2. 农杆菌介导的植物遗传转化的机理是什么？

3. 什么是植物细胞的全能性？

4. 什么是植物细胞转化的共整合系统？什么是植物细胞转化的双元系统？什么是共整合载体？什么是双元载体系统？

5. 转基因植株中基因沉默是一种普遍发生的现象，导致转基因沉默的原因有哪些？

6. 转基因植物的安全性主要包括哪些方面？

参 考 文 献

北京大学生命科学学院, 遗传学教学组. 2002. 遗传学实验指导自编教材

常建波, 孙逢贤. 1995. 国外鱼贝类多倍体育种技术新进展. 国外水产, (2): 1-6

冯浩, 刘少军, 张轩杰, 等. 2001. 红鲫(♀)×湘江野鲤(♂)F_2和F_3的染色体研究.中国水产科学, 8(2): 1-4

高文娟, 王远亮, 童师亮. 2007. Epithalon 对细胞衰老的延缓及过程中端粒活性和端粒长度的变化.重庆教育学院学报, 20(7): 10-12

郭善利, 刘林德. 2004. 遗传学实验教程. 北京: 科学出版社

海燕, 黄晓, 易梅生, 等. 2001. 一种改良的鱼类染色体富集制片方法. 遗传, 23(2): 151-152

韩建荣, 郝建国, 邢茂生. 2002. 黑木耳激光诱变及营养缺陷型突变体筛选.山西大学学报, 25 (1) : 71-73

河北师范大学, 新乡师院, 北京师院, 等. 1982.遗传学实验. 北京: 高等教育出版社

鹤龄, 林锦湖. 1982. 遗传学实验. 北京: 高等教育出版社

洪满贤. 1999. 细胞核分子生物学. 厦门: 厦门大学出版社

黄燕, 赵小平, 余红, 等. 2006. 动物骨髓细胞染色体标本制备失败的原因分析.生物学通报, 41(1): 52-53

季道蕃. 1992. 遗传学实验. 北京: 中国农业出版社

金万枚, 巩振辉, 李桂荣, 等. 2000. 植物遗传转化方法和转基因植株的鉴定.陕西农业科学, 1:24-29

李凤霞. 2006. 遗传学实验指导. 吉林: 吉林人民出版社

李懋学, 陈瑞阳. 1985. 关于植物核型分析标准化问题. 武汉植物学研究(第一届全国植物染色体学术讨论会专辑), 3(4): 267-302

李懋学, 张敩方. 1991. 植物染色体研究技术. 哈尔滨: 东北林业大学出版社

李世达, 霍建宇. 1989. 应用统计理论与方法.黑龙江: 东北林业大学出版社

李素文. 2001. 细胞生物学实验指导. 北京: 高等教育出版社

李卫, 郭光沁, 郑国昌. 2000. 根癌农杆菌介导遗传转化研究的若干新进展.科学通报, 45(8); 798-807

李雅娟, 李霞, 丁君, 等. 2003. 三倍体皱纹盘鲍活体倍性检测. 水产学报, 27(5): 425-430

李雅娟, 毛连菊, 王子臣. 2002. 制备皱纹盘鲍染色体标本方法的比较研究. 大连水产学院学报, 17(4): 297-300

李雅轩, 赵昕. 2006. 遗传学综合实验. 北京: 科学出版社

梁彦生, 黄远樟, 刘元瑞. 1989. 遗传学实验.北京: 北京师范大学出版社

刘桂丰. 2004. 遗传学实验原理与技术. 哈尔滨: 东北林业大学出版社

刘继云, 李继红, 潘勇娜. 2004. 河北北方学院三民族学生 ABO 血型基因频率分析. 河北北方学院学报, 21(5): 28-29

刘晓晴. 2009. 生物技术综合实验.北京: 科学出版社, 216-219

刘祖洞, 江绍慧. 1987. 遗传学实验. 北京: 高等教育出版社

楼允东. 2001. 鱼类育种学. 北京: 中国农业出版社

卢军, 李乐玉, 朱利泉, 等. 2008. 一种高效稳定的甘蓝染色体制片新方法.北方园艺, (9): 148-150

卢龙斗, 常重杰. 2007. 遗传学实验技术. 北京: 高等教育出版社

罗向东, 戴亮芳, 万勇, 等. 2011. 东乡野生稻与栽培稻正反交种间杂种 F_1 雄配子发生与发育过程研究. 植物学报: 46(4): 407-412

皮建辉, 佘朝文, 舒孝顺. 2002. 湖南侗族、汉族 ABO 血型的调查与分析. 湘潭师范学院学报, 24(2): 78-81

齐晓岚, 单可人, 谢渊, 等. 2003. 贵州黔西县少数民族 ABO 血型分布及基因频率调查. 人类学学报, 22(4): 345-348

钱春桃, 陈劲枫, 罗向东. 2006. 黄瓜抗枯萎病异源易位系植株 AT-04 的鉴定筛选. 南京农业大学学报, 29 (2): 20-24

乔守怡. 2008. 遗传学分析实验教程. 北京: 高等教育出版社

帅素容. 2003. 普通遗传学实验教程.成都:四川科学出版社
孙晓东, 卫荣华, 王燕, 等. 2009. 湖北汉族的苯硫脲(PTC)味盲基因频率调查研究. 生物学通报, 44(6): 15-16
孙远东, 谭立军, 唐新科, 等. 2008. 鱼类人工多倍体育种的研究进展. 现代生物医学进展, 8(9): 1778-1779
王春台. 2009. 现代遗传学实验. 北京: 化学工业出版社
王建波, 方呈祥, 鄢慧民, 等. 2004. 遗传学实验教程. 武昌: 武汉大学出版社
王金发, 戚康标, 何炎明. 2008. 遗传学实验教程. 北京: 高等教育出版社
王秀岩, 肖勇, 白秀英, 等. 1996. 1000 例黑龙江地区汉族青年苯硫脲尝味能力的测定. 佳木斯医学院学报, 19(2): 15-16
王子臣, 夏福祖. 1990. 皱纹盘鲍三倍体的研究. 大连水产学院学报, 5(1): 1-8
温崇庆, 薛明, 刘慧玲, 等. 2004. 光复活对紫外线照射大肠杆菌后突变率的影响.激光生物学报, 13(1): 8-12
吴萍. 2005. 我国鱼类多倍体育种的研究进展. 上海水产大学学报, 14(1): 72-78
吴若菁, 陈奋飞, 庄捷, 等. 2007. SO_2 的衍生物对泥鳅的急性毒性和染色体损伤研究.水生生物学报, 31(4): 585-589
吴若菁, 陈宜秋, 林霞, 等. 2005. 利用泥鳅红细胞核的遗传损伤监测福州市内河水质.应用与环境生物学学报, 11(1): 59-63
吴若菁, 陈宜秋, 沈锡颜, 等. 2004. 福州内河污水对紫露草减数分裂的遗传损伤.福建师范大学学报, 20(3): 116-120
吴若菁, 巫紫君, 柯桂芳, 等. 2006. 泥鳅红细胞遗传损伤的显微观察.电子显微学报, 25(3): 261-264
吴若菁, 庄捷, 黄婧, 等. 2009. 马尾松幼苗对模拟酸雨与铝胁迫的响应及其抗性机制. 林业科学, 45(12): 22-29
吴政安. 1982. 两栖类骨髓细胞的染色体标本制作方法.遗传, 4(1):38-39
谢宝贵, 朱虎, 江玉姬, 等. 2004. 银耳的诱变与营养缺陷型菌株的筛选.江西农业大学学报, 26(2): 246-249
谢志兵, 钟晓红, 董静洲. 2006. 农杆菌属介导的植物细胞遗传转化研究现状.生物技术通讯, 17(1): 101-104
徐炳声, 黄少甫. 1986. 中国文献报道的植物染色体数目索引.考察与研究, 总第 5 辑: 1-116
徐炳声, 杨涤清. 1988. 中国文献报道的植物染色体数目索引.考察与研究, 增刊: 1-87
徐炳声. 1989. 中国文献报道的植物染色体数目索引 III.考察与研究, 总第 9 辑: 1-84
杨大祥. 2007. 减数分裂的研究历史. 生物学教学, 32(1): 61-63
杨大翔. 2004. 遗传学实验. 北京: 科学出版社
杨汉民. 1997. 细胞生物学实验. 北京: 高等教育出版社
仪慧兰, 司良燕, 孟紫强. 2002. SO_2 衍生物对蚕豆根尖细胞不同分裂阶段的遗传损伤.应用与环境生物学报, 8 (4): 383-386
尹洪滨. 2001. 四种鲤鱼染色体核型比较研究. 水产学杂志, 14(1): 7-10
余其兴, 赵刚. 2000. 人类遗传学导论. 北京: 高等教育出版社, 施普林格出版社
余毓君. 1991. 遗传学实验技术. 北京: 农业出版社
张贵友, 吴琼, 林琳. 2003. 普通遗传学实验指导. 北京: 清华大学出版社
张红梅, 王明艳, 李超, 等. 2009. 河北汉族青少年苯硫脲尝味能力测定与分析. 生物学通报, 44(10): 23-24
张丽华, 陈一华, 陈正华. 2000. 四种核酸类似物诱导蚕豆高频率类减数分裂.农业生物技术学报, 8(2): 147-150
张明浩, 崔丽华, 陈正华. 2005. 库拉索芦荟染色体核型分析. 北京师范大学学报(自然科学版), 41(1): 82-84
张伟伟. 2010. 人类几项遗传性性状特性的调查分析. 廊坊师范学院学报(自然科学版), 10(4): 62-64
张文霞, 戴灼华. 2007. 遗传学实验指导. 北京: 高等教育出版社
张西萍, 罗钟梅. 1994. 利用紫露草微核效应监测工业废水技术的研究. 中国环境科学, 14(1): 73
赵朝晖, 陈晓春, 金建生, 等. 2005. 三丁基过氧化氢诱导 WI-38 细胞衰老的细胞周期调控机制.中国病理生理杂志, 21(2): 238-242

郑科, 潘建伟, 姜志明, 等. 2002. 姐妹染色单体交换(SCE)的检测原理及其分子机理.细胞生物学杂志, 24(6): 355-359

Dumont P, Royer V, Pascal T, et al. 2001. Growth kinetics rather than stress accelerate telomere shortening in cultures of human diploid fibroblasts in oxidative stress-induced premature senescence. FEBS Lett, 502(3):109-112

Ferrari C, Gustavino B, Razzoni M. 1991. A matagenicity analysis of water and sludge of the Tiber river, using the micronuclesis test in *Vicia faba* root tips.Mutaion Res, 252-215

Furumoto K, Inoue E, Nagao N, et al. 1998. Age-dependent telomere shortening is slowed down by enrichment of intracellular vitamin C via suppression of oxidative stress. Life Sci, 63(11): 935-948

Lundblad V, Szostak J W. 1989. A mutant with a defect in telomere elongation leads to senescence in yeast. Cell, 57(4): 633-643

Norrback K F, Roos G. 1997. Telomeres and telomerase in normal and malignant haematopoietie cells. Eur J Cancer. 33(5):774-780

Thomas R M, Robert L H. 2001. Genetics. Laboratory Investigations. New Jersey: Prentice Hall. Upper saddle River

William S K, Michael R C, Charlotte A S. 2008. Essentials of Genetics 6th ed. Beijing: Higher Education Press

Xing H T, Liang W F. 1997. On the effect of Chinese lacguer upon the cell division of root of *Allium cepa*. Acta Genetica Sinica, 24(1):50-53

Yu G L, Bradley J D, Attardi L D, et al. 1990. *In vivo* alteration of telomere sequences and senescence caused by mutated *Tetrahymena* telomerase RNAs. Nature, 344(6262):126-132

附　　录

附录 1　实验室常用试剂的配制

1. 卡诺(Carnoy)固定液

无水乙醇 30ml，冰醋酸 10ml 二者混合。

无水乙醇 60ml，氯仿 30ml，冰醋酸 10ml 三者混合。

2. 甲醇、冰醋酸固定液

甲醇 30ml，冰醋酸 10ml 二者混合。

3. 纳瓦申(Navashin's)固定液

甲液：铬酸 1.5g，冰醋酸 10ml，蒸馏水 90ml 三者混合。

乙液：福尔马林 40ml，蒸馏水 60ml 二者混合。

临用前，取等量甲、乙液混合，此固定液对一般细胞学及组织学是一种优良固定液。

4. FAA 固定液

50%乙醇 89ml，冰醋酸 6ml，福尔马林 5ml 三者混合。

注意以上所有固定液都要现配现用。

5. 解离液

95%乙醇 10ml，浓盐酸 8ml 二者混合。

6. 1%酶液

纤维素酶 1g，果胶酶 1g，缓冲液 98ml 三者混合。

7. 0.2%秋水仙素溶液

在 0.2g 秋水仙素中加入几滴乙醇，待秋水仙素完全溶解后加蒸馏水 100ml 装入棕色瓶中用黑纸包装起来置 4℃冰箱中保存备用。

8. 抗凝素

每 100 单位肝素一般可抗凝 5ml 血液。

9. 等渗液

柠檬酸钠 2.2g，定溶于 100ml 蒸馏水中。

10. 低渗液(0.075mol/L KCl)

将氯化钾 5.6g 定溶到 1000ml 蒸馏水中。它可使细胞张大，染色体铺展。

11. 生理盐水

0.85%生理盐水：称取 8.5g NaCl 定溶至 1000ml 双蒸水中，此生理盐水适用于哺乳动物。

0.75%生理盐水：称取 7.5g NaCl 定溶至 1000ml 双蒸水中，此生理盐水适用于鸟类和无脊椎动物。

0.64%生理盐水：称取 6.4g NaCl 定溶至 1000ml 双蒸水中，此生理盐水适用于两栖类。

0.6%~0.8%生理盐水：称取 6~8g NaCl 定溶至 1000ml 双蒸水中，此生理盐水适用于昆虫类。

12. 漂洗液

1mol/L 盐酸 5ml，10%偏重亚硫酸钠(钾)5ml，自来水 100ml。

此液必须现配现用，当液体失去 SO_2 气味时就失去漂洗作用。

洗涤液的配制

	弱液	次强液	强液
重铬酸钾/g	100	120	63
浓硫酸/ml	100	200	1000
蒸馏水/ml	1000	1000	200

13. 1mol/L 盐酸溶液

取 82.5ml 浓盐酸原液加蒸馏水至 1000ml。

14. 1mol/L 硝酸溶液

取 63ml 硝酸原液加蒸馏水至 1000ml。

15. 1mol/L 硫酸溶液

取 28ml 浓硫酸原液加蒸馏水至 1000ml。

16. 1mol/L 氢氧化钠溶液

取 40g 氢氧化钠加蒸馏水至 1000ml。

附录2　常用染色液的配制

1. 苯酚品红(碱性品红)染色液的配制

(1) 母液 A：取 0.3g 碱性品红染料溶于 10ml 的 70%乙醇中。

(2) 母液 B：将母液 A 加入 90ml 的 5%苯酚水溶液中(2 周内使用)。

(3) 染色液：取母液 B 90ml 加入 12ml 冰醋酸和 12ml 37%的甲醛，即为苯酚品红染液。

2. 改良苯酚品红(改良碱性品红)染色液的配制

取苯酚品红染色液 25ml，加入 475ml 的 45%冰醋酸和 9g 的山梨醇，即改良苯酚品红染液。刚配制的染色液颜色为淡淡的品红色，染色效果差，但是放置 2 周以后，染色的效果就逐渐增强，放置的时间越久，染色的效果就越好。此染液在室温下可存放 2 年。

3. 醋酸洋红染色液的配制

将 200ml 45%冰醋酸加热至沸，溶入洋红粉末(Carmine)1g，为了防止溅沸，加入粉末时要慢，并不断地轻微搅动，加回流继续煮沸 10~15min，冷却后过滤保存在棕色瓶中盖紧，存放在避光阴凉处。

4. 醋酸地衣红染色液的配制

将 200ml 45%冰醋酸加热至沸，溶入地衣红粉末(Orcein)1g，为了防止溅沸，加入粉末时要慢，并不断的轻微搅动，加回流继续煮沸 10~15min，冷却后过滤保存在棕色瓶中盖紧，存放在避光阴凉处。

5. 苏木精染色液的配制

取 0.5g 苏木精粉末放入 100ml 容量瓶中，加入几滴 95%的乙醇让粉末快速溶解，然后加入蒸馏水定溶至 100ml。将配好的溶液装入棕色瓶中，取 2~4 层纱布包扎瓶口，通气防尘。过 1 个月左右当溶液变成深棕红色时，则染液完全成熟，此时将染液过滤即可使用。

6. 铁明矾媒染液的配制

称取 4g 铁明矾定溶至 100ml 蒸馏水中，过滤后即用。因为此溶液放置一段时间后会混浊，最好现配现用。

7. 席夫(Schiff)染液的配制

在 1000ml 三角瓶中加入蒸馏水 200ml 煮沸，将 1g 碱性品红粉末缓缓加入三角瓶中并不时轻轻振荡，使粉末完全溶解。移去火源待溶液冷却至 50℃时用滤纸过滤，过滤后在滤液中加入 1mol/L 盐酸 20ml，待溶液冷却到 25℃时再加入 1g 的偏重亚硫酸钠(钾)，摇匀后盖紧瓶塞，放到暗处静置 2~3 天，液体颜色变为淡黄色或无色时加入 1g 左右的活性炭，振荡溶液后用滤纸过滤即可使用(过滤出的溶液应为无色的)。也可将过滤溶液装在棕色瓶中，盖紧瓶塞，瓶外包一层黑纸，放在 4℃冰箱中备用。此液放在 4℃冰箱可保存半年左右。使用时应先待染液升至室温，并注意染液要避光及避免接触空气，以免加速氧化。如果颜色变红，则可在溶液中加点偏重亚硫酸钠(钾)，观察液体的颜色是否变回无色，但是溶液中出现白色的沉淀，就失去了染色的效应。

8. Giemsa 染液的配制

Giemsa 母液：Giemsa 粉末 1g

甘油 66ml

甲醇 66ml

在研钵中倒入少量甘油，把 1g Giemsa 粉末倒入研钵里研磨，直至染料完全溶解，再把剩余的甘油倒入研钵里充分混合后，用保鲜膜将研钵口封住，然后将研钵放入 56℃恒温箱里保温 2h，取出研钵室温冷却后加入 66ml 甲醇，充分混合均匀，用滤纸过滤，将滤液装入棕色瓶中作为原液保存。需要用时用 1 份原液加 9 份 pH 7.4 磷酸缓冲液稀释，随用随配。如果原液存放几个月再使用效果会比新鲜配制的好。

9. 台盼蓝染液

称取 1g 台盼蓝倒入研钵里，滴几滴三蒸水将台盼蓝研细，然后加入 50ml 的三蒸水混匀，装入棕色瓶中备用。此染液染活细胞着色后呈圆形白色透明，死细胞呈深蓝色。

10. 瑞氏(Wright)染液的配制

量取 60ml 甲醇，称取 0.1g 的瑞氏染色粉倒入研钵里，然后加入少量的甲醇充分研磨，待染料完全溶解后，倒入棕色瓶中，在室温下放置 7 天即可使用。新配制的染液偏碱性，染色效果较差。染液放置的时间越长，染色的效果越好。保存染液时要注意两点：①装染液的瓶盖要盖紧；②染液中绝不能混入水滴，不然染液中会产生沉淀，影响染色的效果。

11. 2%乳酸醋酸地衣红染液的配制

在 500ml 三角瓶中加入 100ml 45%的冰醋酸，瓶口加一棉塞，放在酒精灯上加热至沸，将 2g 地衣红缓缓加入三角瓶中，并不断搅拌使其完全溶解，用滤纸过滤备用。临用时取等量的 2%醋酸地衣红和 70%乳酸液混合，过滤后即可使用。

12. 龙胆紫染液的配制

在 250ml 三角瓶中加入 60ml 的冰醋酸加热到 40℃，缓缓加入 1.5g 龙胆紫，不断搅拌使其完全溶解，然后加入蒸馏水 140ml，过滤后装入棕色瓶中备用。

13. 芥子喹吖因染液的配制

将 0.1mol/L 柠檬酸 70.6ml 和 0.2mol/L 磷酸氢二钠 329.4ml 两者混合成 400ml 的缓冲液，调节 pH 至 7.0。取一份芥子喹吖因水溶液加入 200ml 缓冲液中，使溶液最终的质量浓度为50μg/ml。

14. 硫堇染液的配制

(1) 原液：取0.5g硫堇粉末放入50ml容量瓶中，加入几滴95%的乙醇让粉末快速溶解，然后加入50%乙醇定溶至50ml。

(2) Michaelis缓冲液：将0.97g乙酸钠($3H_2O$)和1.47g巴比妥钠溶于50ml煮沸的蒸馏水。

(3) 取28ml的缓冲液和32ml的0.1mol/L盐酸，再加硫堇原液定溶至100ml。测pH为5.7±0.2。

15. Unna试剂：甲基绿-派洛宁染液的配制

甲液：5%派洛宁水溶液	12ml
2%甲基绿水溶液	12ml
蒸馏水	32ml

乙液：1mol/L乙酸钠缓冲液(pH=4.8)32ml

甲、乙两液分别放在4℃冰箱备用，用时将甲、乙两液混合均匀即可。

1mol/L乙酸钠缓冲液的配制：6%冰醋酸20ml，4.05g无水乙酸钠加蒸馏水至30ml，两者混匀即1mol/L乙酸钠缓冲液(pH=4.8)。

16. 0.2%考马斯亮蓝R250染色液的配制

甲醇	93ml
乙酸	14.8ml
蒸馏水	93ml
考马斯亮蓝R250	0.4g

附录 3　常用缓冲液的配制

1. 磷酸氢二钾-磷酸二氢钾缓冲液(0.1mol/L，pH 5.8~8.0，25℃)

pH	0.1mol/L K_2HPO_4 体积/ml	0.1mol/L KH_2PO_4 体积/ml	pH	0.1mol/L K_2HPO_4 体积/ml	0.1mol/L KH_2PO_4 体积/ml
5.8	8.5	91.5	7.0	61.5	38.5
6.0	13.2	86.8	7.2	71.7	28.3
6.2	19.2	80.8	7.4	80.2	19.8
6.4	27.8	72.2	7.6	86.6	13.4
6.6	38.1	61.9	7.8	90.8	9.2
6.8	49.7	50.3	8.0	94.0	6.0

2. 磷酸氢二钠-磷酸二氢钠缓冲液(0.2mol/L，pH 5.8~8.0，25℃)

取 35.6g 的 $Na_2HPO_4·2H_2O$ 定容至 1L 蒸馏水中配制成 0.2mol/L 的 Na_2HPO_4 溶液，取 31.21g 的 $NaH_2PO_4·2H_2O$ 定容至 1L 蒸馏水中配制成 0.2mol/L 的 NaH_2PO_4 溶液。

pH	0.2mol/L Na_2HPO_4 体积/ml	0.2mol/L NaH_2PO_4 体积/ml	pH	0.2mol/L Na_2HPO_4 体积/ml	0.2mol/L NaH_2PO_4 体积/ml
5.8	7.9	92.1	7.0	57.7	42.3
6.0	12.0	88	7.2	68.4	31.6
6.2	17.8	82.2	7.4	77.4	22.6
6.4	25.5	74.5	7.6	84.5	15.5
6.6	35.2	64.8	7.8	89.6	10.4
6.8	46.3	53.7	8.0	93.2	6.8

3. 氯化钾-盐酸缓冲液(0.05mol/L，pH 1.0~2.2，25℃)

取 14.919g 氯化钾溶解后定容至 1L，配制成 0.2mol/L 的氯化钾溶液。准确量取 25ml 0.2mol/L 的氯化钾溶液+$x$ml 0.2mol/L 的盐酸溶液，再加蒸馏水稀释至 100ml。

pH	0.2mol/L KCl/ml	0.2mol/L HCl/ml	pH	0.2mol/L KCl/ml	0.2mol/L HCl/ml
1.0	25	67.0	1.7	25	13.0
1.1	25	52.8	1.8	25	10.2
1.2	25	42.5	1.9	25	8.1
1.3	25	33.6	2.0	25	6.5
1.4	25	26.6	2.1	25	5.1
1.5	25	20.7	2.2	25	3.9
1.6	25	16.2			

4. 甘氨酸-盐酸缓冲液(0.05mol/L，pH 2.2~3.6，25℃)

取 15.01g 甘氨酸溶解后定容至 1L，配制成 0.2mol/L 的甘氨酸溶液。准确量取 25ml 0.2mol/L 的甘氨酸溶液+*x*ml 0.2mol/L 的盐酸溶液，再加蒸馏水稀释至 100ml。

pH	0.2mol/L 甘氨酸/ml	0.2mol/L HCl/ml	pH	0.2mol/L 甘氨酸/ml	0.2mol/L HCl/ml
2.2	25	22.0	3.0	25	5.7
2.4	25	16.2	3.2	25	4.1
2.6	25	12.1	3.4	25	3.2
2.8	25	8.4	3.6	25	2.5

5. 巴比妥钠-盐酸缓冲液(pH 6.8~9.6，18℃)

取 8.25g 巴比妥钠定容至 1L 蒸馏水中配制成 0.04mol/L 的溶液，量取 100ml 溶液+*x*ml 0.2mol/L HCl 混合。

pH	0.04mol/L 巴比妥钠/ml	0.2mol/L HCl/ml	pH	0.04mol/L 巴比妥钠/ml	0.2mol/L HCl/ml
6.8	100	18.4	8.4	100	5.21
7.0	100	17.8	8.6	100	3.82
7.2	100	16.7	8.8	100	2.52
7.4	100	15.3	9.0	100	1.65
7.6	100	13.4	9.2	100	1.13
7.8	100	11.47	9.4	100	0.70
8.0	100	9.39	9.6	100	0.35
8.2	100	7.21			

6. Tris-HCl 缓冲液(0.05mol/L，pH 7~9)

称取 24.23g 三羟甲基氨基甲烷定容至 1L 蒸馏水中配制成 0.2mol/L 的溶液，准确量取 25ml 此溶液+*x*ml 0.1mol/L HCl，加水至 100ml。

pH	0.2mol/L Tris/ml	0.1mol/L HCl/ml	pH	0.2mol/L Tris/ml	0.1mol/L HCl/ml
7.20	25	45.0	8.23	25	22.5
7.36	25	42.5	8.32	25	20.0
7.54	25	40.0	8.40	25	17.5
7.66	25	37.5	8.50	25	15.0
7.77	25	35.0	8.62	25	12.5
7.87	25	32.5	8.74	25	10.0
7.96	25	30.0	8.92	25	7.5
8.05	25	27.5	9.00	25	5.0
8.14	25	25.0			

7. 柠檬酸-柠檬酸钠缓冲液(0.1mol/L，pH 3.0~6.2)

取 21.01g $C_6H_8O_7$ 定容至 1L 蒸馏水中配制成 0.1mol/L 柠檬酸溶液；取 29.4g $Na_3C_6H_5O_7·2H_2O$ 定容至 1L 蒸馏水中配制成 0.1mol/L 柠檬酸三钠溶液。

pH	0.1mol/L 柠檬酸/ml	0.1mol/L 柠檬酸三钠/ml	pH	0.1mol/L 柠檬酸/ml	0.1mol/L 柠檬酸三钠/ml
3.0	93	7.0	4.8	46	54
3.2	86	14	5.0	41	59
3.4	80	20	5.2	36.5	33.5
3.6	74.5	25.5	5.4	32	38
3.8	70	30	5.6	27.5	72.5
4.0	65.5	34.5	5.8	23.5	76.5
4.2	61.5	38.5	6.0	19	81
4.4	57	43	6.2	14	86
4.6	51.5	48.5			

8. 磷酸氢二钠-柠檬酸缓冲液

取 21.01g 柠檬酸·H_2O 定容至 1L 蒸馏水中配制成 0.1mol/L 柠檬酸溶液；取 35.61g $Na_2HPO_4 \cdot 2H_2O$ 定容至 1L 蒸馏水中配制成 0.2mol/L 磷酸氢二钠溶液。

pH	0.1mol/L 柠檬酸/ml	0.2mol/L Na_2HPO_4/ml	pH	0.1mol/L 柠檬酸/ml	0.2mol/L Na_2HPO_4/ml
2.2	39.2	0.80	5.2	18.46	21.44
2.4	37.52	2.48	5.4	17.70	22.30
2.6	35.64	4.36	5.6	16.8	23.20
2.8	33.66	6.34	5.8	15.82	24.18
3.0	31.78	8.22	6.0	14.74	25.26
3.2	30.12	9.86	6.2	13.56	26.44
3.4	28.60	11.40	6.4	12.30	27.70
3.6	27.12	12.88	6.6	10.90	29.10
3.8	25.8	14.20	6.8	9.10	30.90
4.0	24.58	15.42	7.0	7.06	32.94
4.2	23.44	16.56	7.2	5.22	34.78
4.4	22.36	17.64	7.4	3.66	36.34
4.6	21.30	18.70	7.6	2.54	37.46
4.8	20.28	19.72	7.8	1.70	38.30
5.0	19.40	20.60	8.0	1.10	38.90

9. 乙酸-乙酸钠缓冲液(0.2mol/L，pH 3.6~5.8，18℃)

取 11.7ml HAc 定容至 1L 蒸馏水中配制成 0.2mol/L 乙酸溶液；取 27.22g $NaAc \cdot 3H_2O$ 定容至 1L 蒸馏水中配制成 0.2mol/L 乙酸钠溶液。

pH	0.2mol/L NaAc/ml	0.2mol/L HAc/ml	pH	0.2mol/L NaAc/ml	0.2mol/L HAc/ml
3.6	3.75	46.25	4.8	29.5	20.5
3.8	6.0	44.0	5.0	35.0	15.0
4.0	9.0	41.0	5.2	39.5	10.5
4.2	13.25	36.75	5.4	43.0	7.0
4.4	18.5	31.5	5.6	45.5	4.5
4.6	24.5	25.5	5.8	47.0	3.0

10. 碳酸钠-碳酸氢钠缓冲液(0.1mol/L)

取 28.6g $Na_2CO_3 \cdot 10H_2O$ 定容至 1L 蒸馏水中配制成 0.1mol/L 碳酸钠溶液；取 8.4g NaH_2CO_3 定容至 1L 蒸馏水中配制成 0.1mol/L 碳酸氢钠溶液(有 Ca^{2+}、Mg^{2+} 时不得使用)。

pH		0.1mol/L Na_2CO_3/ml	0.1mol/L NaH_2CO_3/ml	pH		0.1mol/L Na_2CO_3/ml	0.1mol/L NaH_2CO_3/ml
20℃	37℃			20℃	37℃		
9.2	8.8	5.0	45.0	10.1	9.9	30.0	20.0
9.4	9.1	10.0	40.0	10.3	10.1	35.0	15.0
9.5	9.4	15.0	35.0	10.5	10.3	40.0	20.0
9.8	9.5	20.0	30.0	10.8	10.6	45.0	5.0
9.9	9.7	25.0	25.0				

11. 氯化钾-氢氧化钠缓冲液(0.05mol/L，pH 12.0~13.0，25℃)

取 14.91g KCl 定容至 1L 蒸馏水中配制成 0.2mol/L 氯化钾溶液；取 8.4g NaOH 定容至 1L 蒸馏水中配制成 0.2mol/L 氢氧化钠溶液。准确量取 25ml 0.2mol/L 氯化钾溶液+$x$ml 0.2mol/L 氢氧化钠溶液，加水至 100ml。

pH	0.2mol/L KCl/ml	0.2mol/L NaOH/ml	pH	0.2mol/L KCl/ml	0.2mol/L NaOH/ml
12.0	25.0	6.0	12.6	25.0	25.6
12.1	25.0	8.0	12.7	25.0	32.2
12.2	25.0	10.2	12.8	25.0	41.2
12.3	25.0	12.8	12.9	25.0	53.0
12.4	25.0	16.2	13.0	25.0	66.0
12.5	25.0	20.4			

12. 磷酸氢二钠-氢氧化钠缓冲液(0.025mol/L，pH 10.9~12.0，25℃)

取 17.91g $Na_2HPO_4 \cdot 12H_2O$ 定容至 1L 蒸馏水中配制成 0.05mol/L 磷酸氢二钠溶液；取 4g NaOH 定容至 1L 蒸馏水中配制成 0.1mol/L 氢氧化钠溶液。准确量取 50ml 0.05mol/L 磷酸氢二钠溶液+$x$ml 0.1 mol/L 氢氧化钠溶液，加水至 100ml。

pH	0.05mol/L Na_2HPO_4 /ml	0.1mol/L NaOH/ml	pH	0.05mol/L Na_2HPO_4 /ml	0.1mol/L NaOH/ml
10.9	50.0	3.30	11.5	50.0	11.10
11.0	50.0	4.10	11.6	50.0	13.50
11.1	50.0	5.10	11.7	50.0	16.20
11.2	50.0	6.30	11.8	50.0	19.40
11.3	50.0	7.60	11.9	50.0	23.00
11.4	50.0	9.10	12.0	50.0	26.90

13. 磷酸二氢钾-氢氧化钠缓冲液(0.05mol/L，pH 5.8~8.0，20℃)

取 13.60g KH_2PO_4 定容至 1L 蒸馏水中配制成 0.1mol/L 磷酸二氢钾溶液；取 4g NaOH 定容至 1L 蒸馏水中配制成 0.1mol/L 氢氧化钠溶液。准确量取 50ml 0.1mol/L 磷酸二氢钾溶液+*x*ml 0.1mol/L 氢氧化钠溶液，加水至 100ml。

pH	0.1mol/L KH_2PO_4/ml	0.1mol/L NaOH/ml	pH	0.1mol/L KH_2PO_4/ml	0.1mol/L NaOH/ml
5.8	50.0	3.6	7.0	50.0	29.1
6.0	50.0	5.6	7.2	50.0	34.7
6.2	50.0	8.1	7.4	50.0	39.1
6.4	50.0	11.6	7.6	50.0	42.4
6.6	50.0	16.4	7.8	50.0	44.5
6.8	50.0	22.4	8.0	50.0	46.1

14. 硼砂-氢氧化钠缓冲液(0.05mol/L 硼砂，pH 9.3~10.1，20℃)

取 19.07g 硼砂定容至 1L 蒸馏水中配制成 0.05mol/L 硼砂溶液；取 8.4g NaOH 定容至 1L 蒸馏水中配制成 0.2mol/L 氢氧化钠溶液。准确量取 25ml 0.05mol/L 硼砂溶液+*x*ml 0.2mol/L 氢氧化钠溶液，加水至 100ml。

pH	0.05mol/L 硼砂/ml	0.2mol/L NaOH/ml	pH	0.05mol/L 硼砂/ml	0.2mol/L NaOH/ml
9.3	25.0	3.0	9.8	25.0	17.0
9.4	25.0	5.5	10.0	25.0	21.5
9.6	25.0	11.5	10.1	25.0	23.0

附录 4　常见动植物染色体数目

种	拉丁名	*n*	2*n*
杧果	*Mangifera indica*		40
白梨	*Pyrus bretschneideri*		34
枇杷	*Eriobotrya japonica*		34
龙眼	*Dimocarpus longan*		30
桃	*Prunus persica*		16
无花果	*Ficus carica*		26
荔枝	*Litchi chinensis*		30
凤梨	*Ananas comosus*		50
枣	*Zizyphus jujuba*		24
杏	*Armeniaca vulgaris*		16
山楂	*Crataegus pinnatifida*		34
苹果	*Malus pumila*		34
柚	*Tectona grandis*		18
橘	*Citrus reticulata*		18
甜橙	*Citrus sinensis*		18
板栗	*Castanea mollissima*		24
银杏	*Ginkgo biloba*	12	24
香蕉	*Musa nana*		33
野蕉	*Musa acuminata*		22
罗汉果	*Momordica grosvenori*		28
千头柏	*Platycladus orientalis* cv.*sieboldii*		22
福建柏	*Fokienia hodginsii*		24
侧柏	*Biota orientalis*		22
罗汉松	*Podocarpus macrophyllus*		28
竹柏	*Podocarpus nagi*		26
苏铁	*Cycas revoluta*		22
漆树	*Toxicodendron vernicifluum*	15	30

续表

种	拉丁名	*n*	2*n*
木麻黄	*Casuarinn equiestifolia*		20
油桐	*Aleurites fordii*		22
杜仲	*Eucommia ulmoidesm*	17	34
南方红豆杉	*Taxus chinenwsis* var.*mairei*		16
木油树	*Aleurites montana*		22
樟树	*Cinnamomum camphora*		24
紫玉兰	*Magnolia liliflora*		76
蜡梅	*Chimonanthus praecox*		22
夏腊梅	*Calycanthus floridus*		22
梧桐	*Firmiana simplex*		40
洋槐	*Robinia pseudoacacia*		20
槐	*Sophora japonica*		28
细枝木麻黄	*Casuarina cunninghamiana*		18
棕榈	*Trachycarpus fortunei*		36
柳杉	*Cryptomeria fortunei*		22
杉木	*Cunninghamia lanceolata*		22
水松	*Glyptostrobus pensilis*		22
水杉	*Metasequoia glyptostroboides*		22
池杉	*Taxodium ascendens*		22
马尾松	*Pinus massoniana*		24
黑松	*Pinus thunbergii*		24
油松	*Pinus tabulaeformis*		24
云南松	*Pinus yunnanensis*		24
佛肚竹	*Bambusa vulgaris*		72
毛竹	*Phyllostachys heterocycla* var. *pubescens*		48
紫竹	*Phyllostachys nigra*		48
绿竹	*Dendrocalamopsis oldhami*	12	24
浙江红山茶	*Camellia chekiangoleosa*		30
金花茶	*Camellia chrysantha*		30
小果油茶	*Camellia meiocarpa*		60

续表

种	拉丁名	*n*	2*n*
普通油茶	*Camellia oleifera*		90
水稻	*Oryza sativa*		24
玉米	*Zea mays*		20
粗山羊草	*Aegilops squarrosa*		14
黑麦	*Secale cereale*		14
大麦	*Hordeum vulgare*		14
普通小麦	*Triticum aestivum*		42
野生一粒小麦	*Triticum boeoticum*		14
栽培一粒小麦	*Triticum monococcum*		14
斯卑尔脱小麦	*Triticum spelta*		14
荞麦	*Fagopyrum esculentum*		16
粟	*Setaria italica*		18
高粱	*Sorghum vulgare*		20
番薯	*Ipomoea batatas*		90
芥蓝	*Brassica alboglabra*	9	18
甘蓝	*Brassica oleracea*	9	18
萝卜	*Raphanus sativus*	9	18
黄瓜	*Cucumis sativus*		14
丝瓜	*Luffa cylindrica*		24
甘蔗	*Saccharum sinensis*		80
韭菜	*Allium tuberosum*		32
番茄	*Lycopersicon esculentum*		24
辣椒	*Capsicum annuum*		24
烟草	*Nicotiana tabacum*		48
马铃薯	*Solanum tuberosum*		48
芥菜	*Brassica juncea*	18	36
大叶芥	*Brassica juncea* var. *foliosa*	18	36
卷心芥	*Brassica juncea* var. *involutus* Y.		36
羽衣甘蓝	*Brassica oleracea* var. *acephala*		18
花椰菜	*Brassica oleracea* var. *botrytis*	9	18

续表

种	拉丁名	*n*	2*n*
包心菜	*Brassica oleracea* var. *capitata*		18
芝麻菜	*Eruca sativa*	11	22
冬瓜	*Benincasa hispida*		24
西瓜	*Citrullus vulgaris*		22
棱角丝瓜	*Luffa acutangula*		26
苦瓜	*Momordica charantia*		22
蓖麻	*Ricinus communis*		20
莲花	*Nelumbo nucifera*		16
绿豆	*Phaseolus radiatus*		22
豌豆	*Pisum sativum*		14
蚕豆	*Vicia faba*		12
大豆	*Glycine max*		40
菜豆	*Phaseolus vulgaris*		22
洋葱	*Allium cepa*		16
葱	*Allium fistulosum*	8	16
大蒜	*Allium sativam*		16
姜	*Zingiber officinalis*		22
向日葵	*Helianthus annuus*		34
百合	*Lilium brownii* var. *viridulum*		24
川百合	*Lilium davidii*		24
细叶百合	*Lilium tenuifolium*		24
红花石蒜	*Lycoris radiata*		33
鸡冠花	*Celosia cristata*		36
鸭跖草	*Commelina communis*		22，44
紫露草	*Tradescantia virginiana*		24
大米草	*Spartina anglica*		116
一品红	*Euphorbia pulcherrima*		26
矢车菊	*Centaurea cyanus*		24
大丽花	*Dahlia pinnata*		64
万寿菊	*Tagetes erecta*		24

续表

种	拉丁名	n	2n
大花君子兰	*Clivia miniata*		22
水仙	*Narcissus tazetta* var. *chinensis*		30
凤仙花	*Impatiens balsamina*		14
南天竹	*Nandina domestica*		20
石竹	*Dianthus chinensis* Linn. var. *chinensis*		30
红花	*Carthamus tinctorius*		24
番红花	*Crocus sativus*		24
蒲公英	*Taraxacum mongolicum*		24
苍耳	*Xanthium sibiricum*		36
橘梗	*Platycodon grandiflorus*		18
忍冬	*Lonicera japonica*		18
牛蒡	*Arctium lappa*		36
白术	*Atractylodes macrocephala*		24
叶下株	*Phyllanthus myrtifolius*		26
唐菖蒲	*Gladiolus gandavensis*		58
中国沙棘	*Hippophae rhamnoides* L. ssp. *sinensis* R.		24
八角	*Illixium verum*		28
车前草	*Plantago asiatica*		36
何首乌	*Polygonum multiflorum*		22
黄连	*Coptis chinensis*		18
芍药	*Paeonia lactiflora* Pall.		10
牡丹	*Paeonia suffruticosa*		10，15
枸杞	*Lycium chinense*		24
万年青	*Rohdea japonica*		72
文竹	*Asparagus plumosus*		20
芦荟	*Aloe vera*		14
茉莉	*Jasminum sambac*		26
小白鼠	*Mus musculus*		40
青蛙	*Rana nigromaculata*		26
牛蛙	*Rana catesbeiana*		26

续表

种	拉丁名	n	$2n$
蟾蜍	*Bufo bufo*		22
果蝇	*Drosophila melanogaster*		8
人	*Homo sapiens*		46
猪	*Sus scrofa*		38
黄鳝	*Monopterus albus*		24
泥鳅	*Misgurnus anguillicaudatus*		$2n=2x=50$ $2n=4x=100$

附录 5　减数分裂不同时期与链孢霉不同类型图谱

1. 银杏减数分裂不同时期图

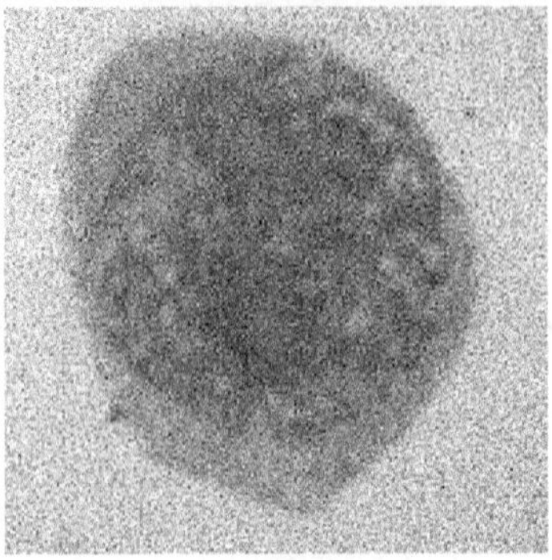

1-1　细线期

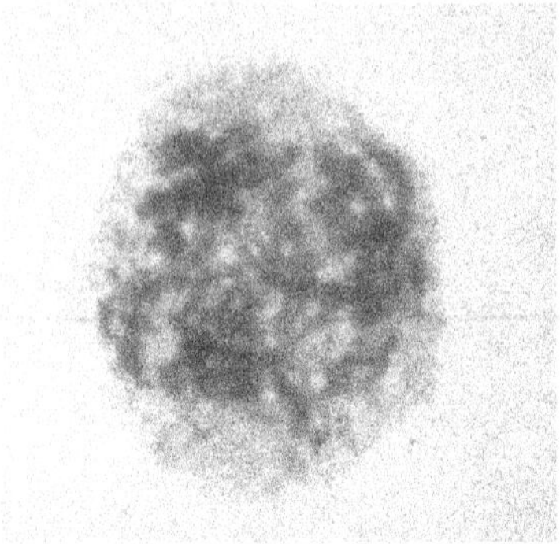

1-2　偶线期

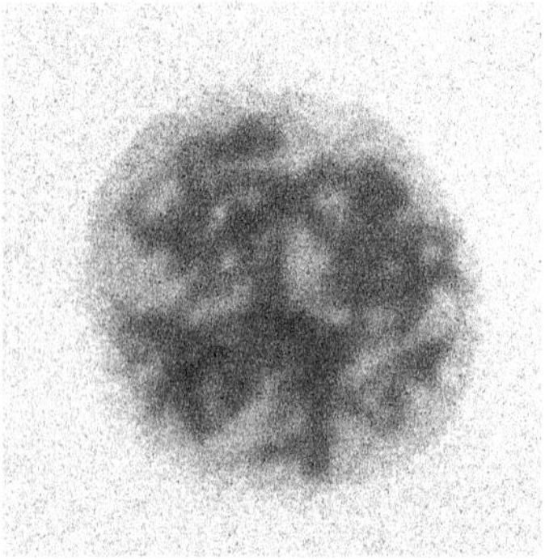

1-3　粗线期

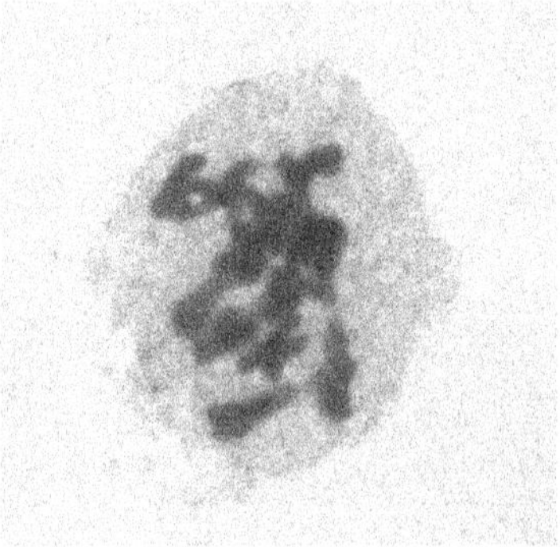

1-4　双线期

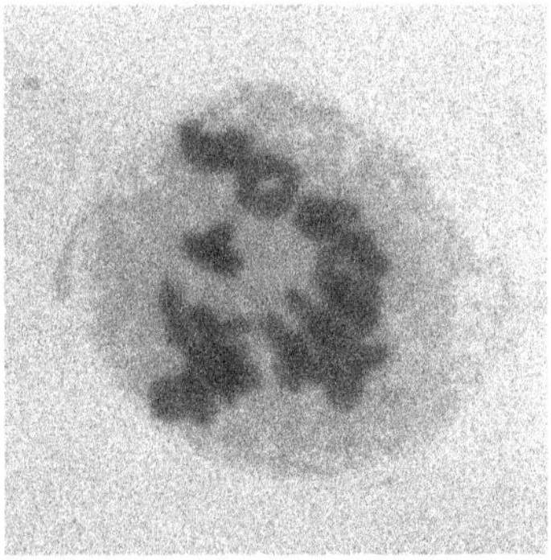

1-5　终变期

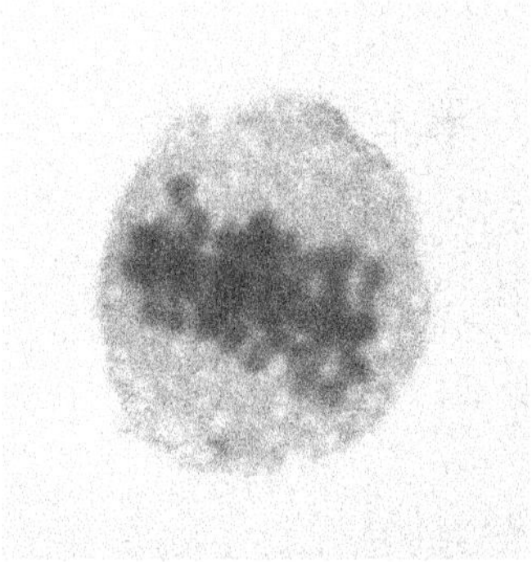

1-6　中期 I

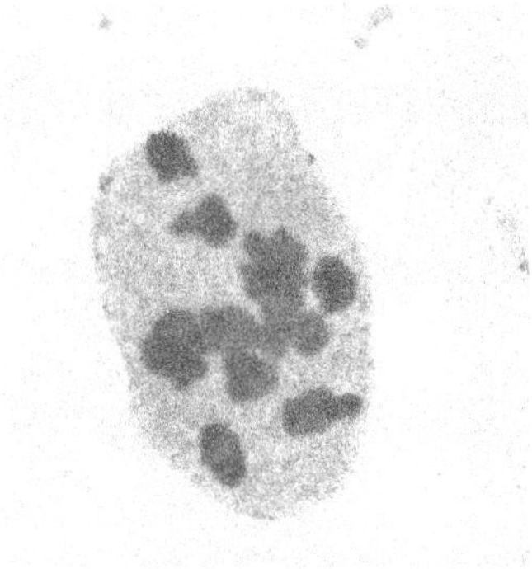

1-7　中期 I

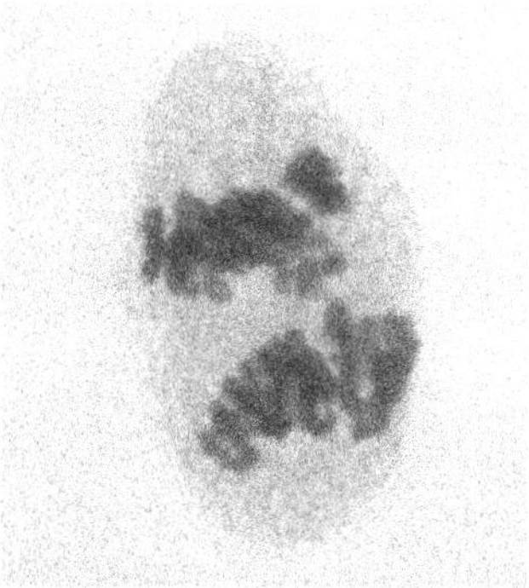

1-8　后期 I

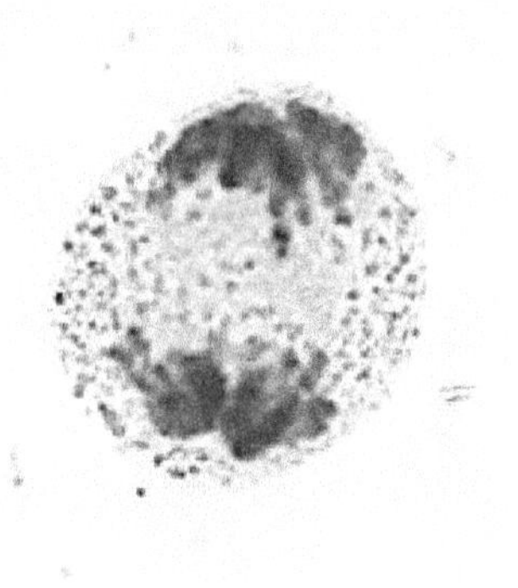

1-9　后期 I

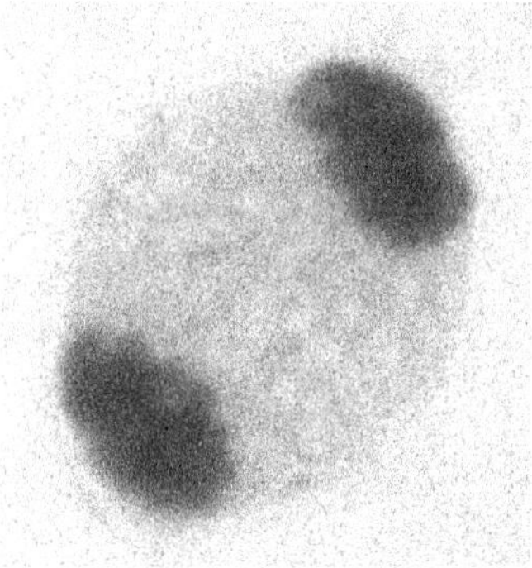

1-10　末期 I

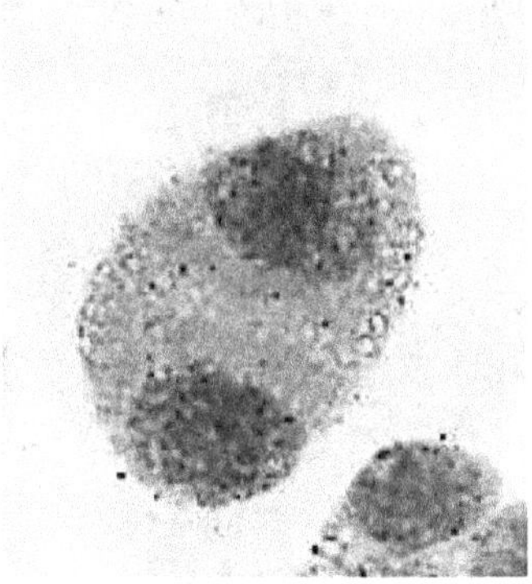

1-11　间期 II

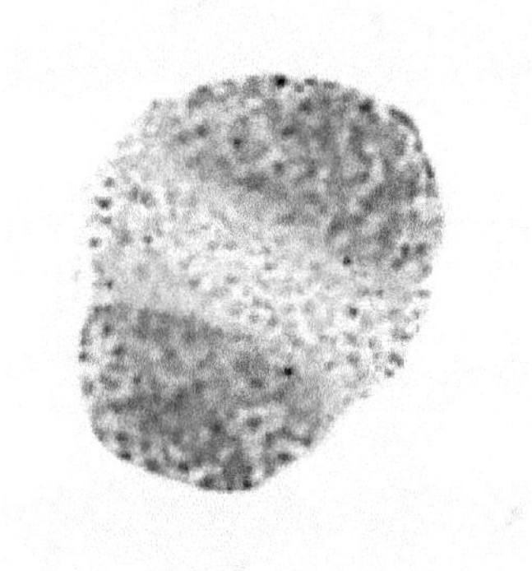

1-12　前期 II

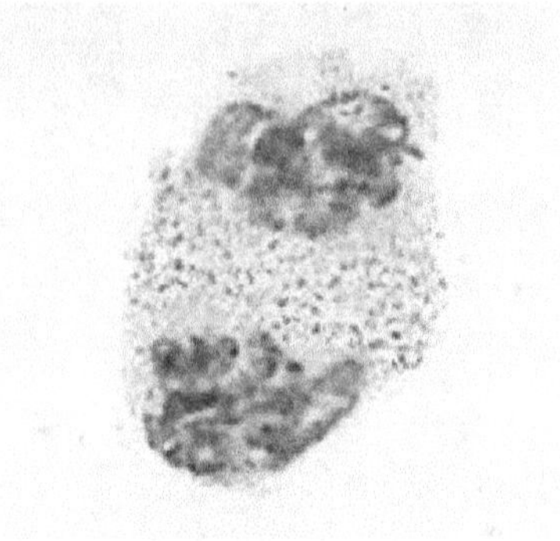

1-13　前期 II

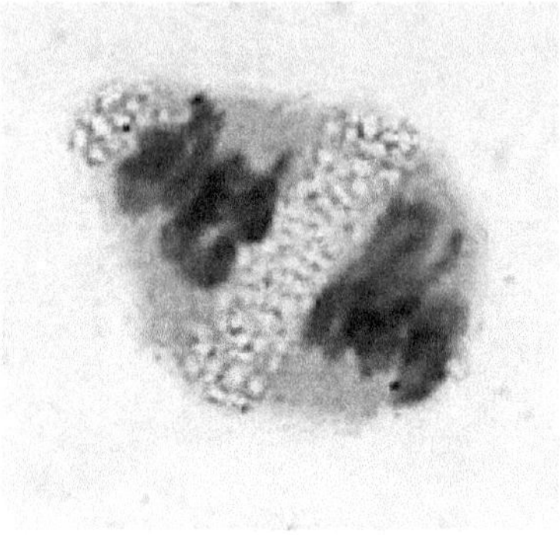

1-14　中期 II

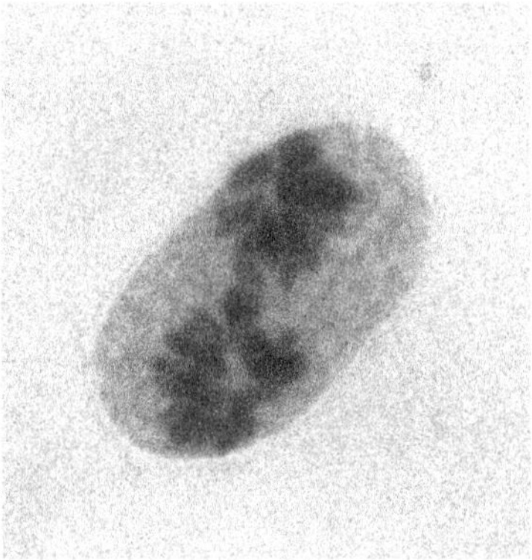

1-15　中期 II

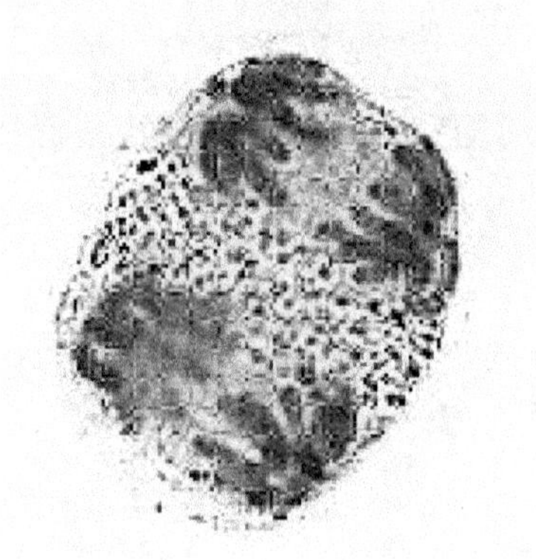

1-16　后期 II

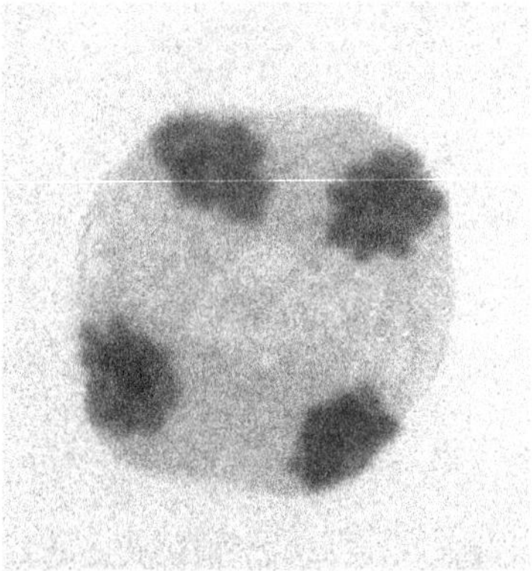

1-17　后期 II

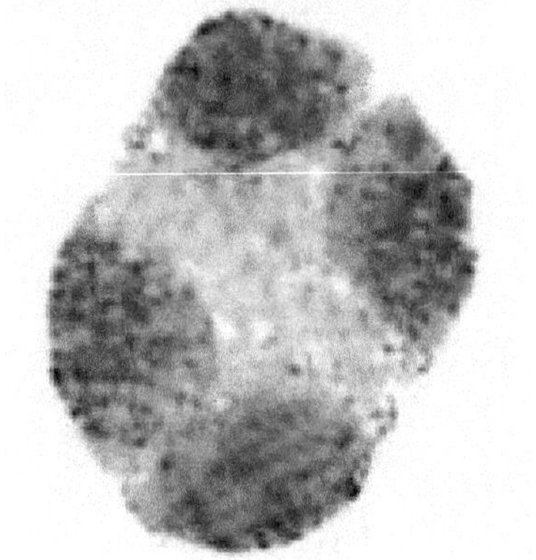

1-18　四分体

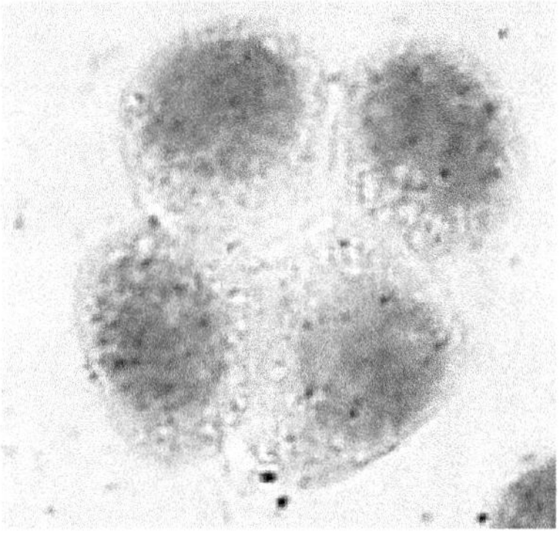

1-19　四分体

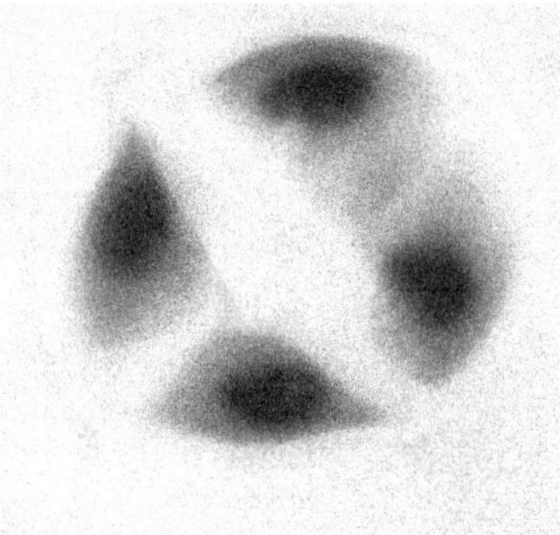

1-20　四分孢子

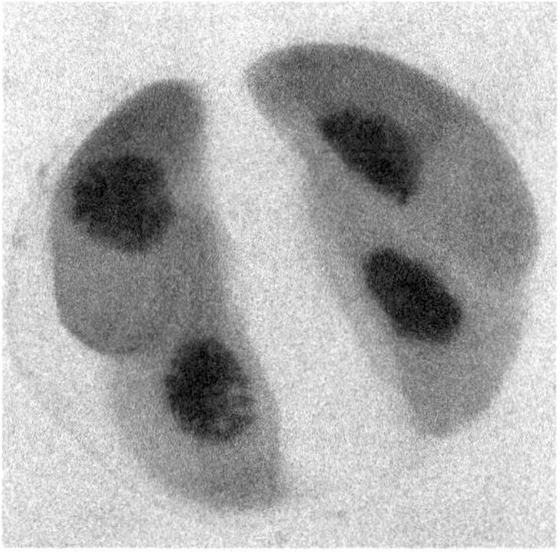

1-21　四分孢子

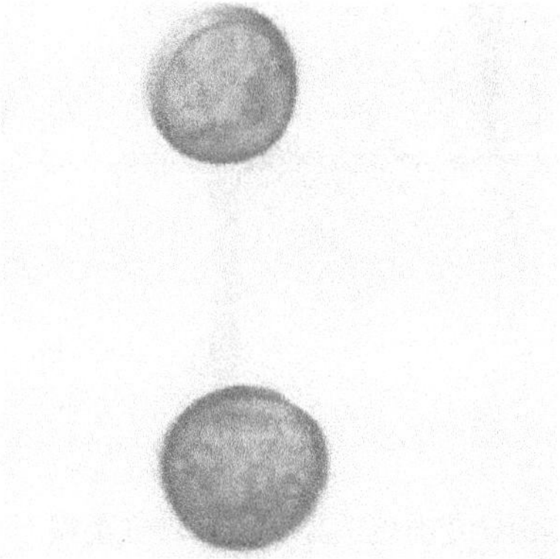

1-22　花粉粒

2. 链孢霉不同类型图

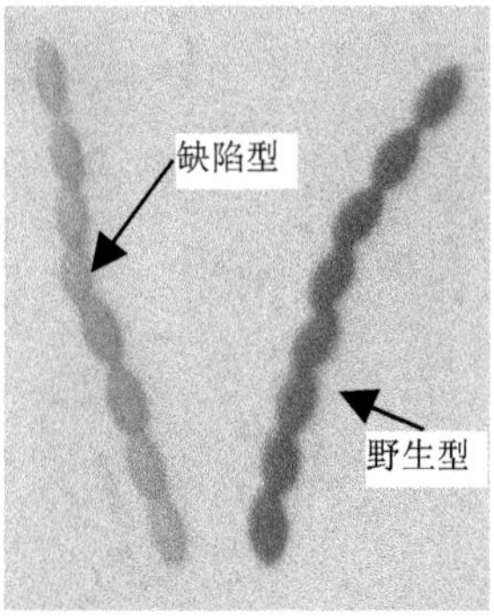

2-1　缺陷型与野生型亲本

2-2　MI 类型

2-3　MI 类型

2-4　MⅡ类型　2-5　MⅡ类型　2-6　MⅡ类型　2-7　基因转变类型

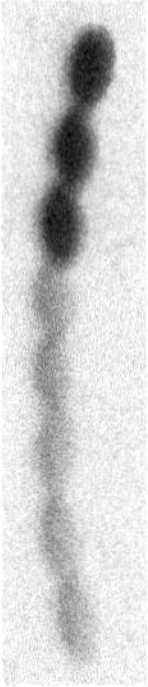

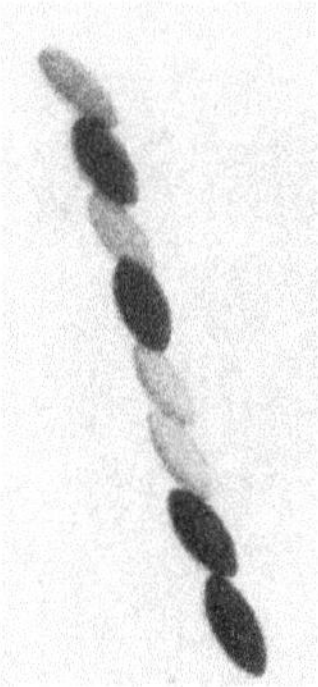

2-8　基因转变类型　2-9　基因转变类型　2-10　基因转变类型　2-11　基因转变类型

附录 6　χ^2 检验表

χ^2 检验表

df \ P	0.98	0.90	0.70	0.50	0.30	0.20	0.10	0.05	0.01	0.001
1	0.000	0.016	0.148	0.455	1.074	1.642	2.706	3.841	6.635	10.827
2	0.040	0.211	0.713	1.386	2.408	3.219	4.605	5.991	9.210	13.815
3	0.185	0.584	1.424	2.366	3.665	4.642	6.251	7.815	11.345	16.266
4	0.429	1.064	2.195	3.357	4.878	5.989	7.779	9.488	13.277	18.467
5	0.752	1.610	3.000	4.351	6.064	7.289	9.236	11.070	15.086	20.515
6	1.134	2.204	3.528	5.348	7.231	8.558	10.645	12.592	16.812	22.457
7	1.564	2.833	4.671	6.346	8.383	9.803	12.017	14.067	18.475	24.322
8	2.032	3.490	5.527	7.344	9.524	11.030	13.362	15.507	20.090	26.125
9	2.532	4.168	6.393	8.343	10.656	12.242	14.684	16.919	21.666	27.877
10	3.059	4.865	7.267	9.342	11.781	13.442	15.987	18.307	23.209	29.588
11	3.609	5.578	8.148	10.341	12.899	14.631	17.275	19.675	24.725	31.264
12	4.178	6.304	9.034	11.340	14.011	15.812	18.549	21.026	26.217	32.909
13	4.765	7.042	9.926	12.340	15.119	16.985	19.812	22.362	27.688	34.528
14	5.368	7.790	10.821	13.339	16.222	18.151	21.064	23.685	29.141	36.123
15	5.985	8.547	11.721	14.339	17.322	19.311	22.307	24.996	30.578	37.697
16	6.614	9.312	12.624	15.338	18.418	20.465	23.542	26.296	32.000	39.252
17	7.255	10.085	13.531	16.338	19.511	21.615	24.769	27.587	33.409	40.790
18	7.906	10.865	14.440	17.338	20.601	22.760	25.989	28.869	34.805	42.312
19	8.567	11.651	15.352	18.338	21.689	23.900	27.204	30.144	36.191	43.820
20	9.237	12.443	16.266	19.337	22.775	25.038	28.412	31.410	37.566	45.315
21	9.915	13.240	17.182	20.337	23.858	26.171	29.615	32.671	38.932	46.797
22	10.600	14.041	18.101	21.337	24.939	27.301	30.813	33.924	40.289	48.268
23	11.293	14.848	19.021	22.337	26.018	28.429	32.007	35.172	41.638	49.728
24	11.992	15.659	19.943	23.337	27.096	29.553	33.196	36.415	42.980	51.179
25	12.697	16.473	20.867	24.337	28.172	30.675	34.382	37.652	44.314	52.620
26	13.409	17.292	21.792	25.336	29.246	31.759	35.563	38.885	45.642	54.052
27	14.125	18.114	22.719	26.336	30.319	32.912	36.741	40.113	46.963	55.467
28	14.847	18.939	23.647	27.336	31.391	34.027	37.916	41.337	48.278	56.893
29	15.574	19.768	24.577	28.336	32.461	35.139	39.087	42.557	49.588	58.302
30	16.306	20.599	25.508	29.336	33.530	36.250	40.256	43.773	50.892	59.703

(李世达和霍建宇，1989)